金圣荣

◎编著

荣格心理术

读人善己的6项心理功夫

Wuhan University Press
武汉大学出版社

图书在版编目(CIP)数据

荣格心理术/金圣荣编著．-武汉：武汉大学出版社，2013.6（2022.9重印）
ISBN 978-7-307-10454-9

Ⅰ.荣…　　Ⅱ.金…　　Ⅲ.心理学-通俗读物　　Ⅳ.B84-49

中国版本图书馆CIP数据核字(2013)第022509号

责任编辑：刘汝怡　　责任校对：赵　琳　　版式设计：温　言

出版：**武汉大学出版社**　　（430072　武昌　珞珈山）
发行：**武汉大学出版社北京图书策划中心**
印刷：北京一鑫印务有限责任公司
开本：787×1092　1/16　印张：18　字数：280千字
版次：2013年6月第1版　　印次：2022年9月第2次印刷
ISBN 978-7-307-10454-9/B·372　定价：59.80元

前　言

在很多人眼里，卡尔·荣格的理论就和他的姓氏一样充满了玄妙、神奇的色彩。但实际上，这位将西格蒙德·弗洛伊德的心理学理论发扬光大，并且做出更进一步研究的精神分析大师花费了毕生精力将心理学理论简单化和浅显化。他的女儿格莱特·荣格在其影响下也走上了精神分析的道路，随后多拉·卡尔夫、芭芭拉·汉娜等人在研究心理学的道路上也深受其影响。

时至今日，依然还有不少人坚持认为，荣格的理论只不过是弗洛伊德的梦境分析以及力比多原理的延伸。事实上，正是由于和恩师弗洛伊德的观点发生了分歧，荣格才和对方不欢而散，走上了自我探索的道路。这样看来，荣格的理论基础虽然

1

带有弗洛伊德的影子，但却有非常浓厚的个人色彩。对于荣格来说，他做出的最伟大的贡献就在于对潜意识理论的追根溯源。通过对潜意识的深入研究，荣格向世人揭示了很多"不可思议"的事件发生的内在原因。

荣格的成就就在于，在弗洛伊德"前意识"的理论基础之上进一步提出了心灵层次分析理论，并且将前意识深入剖析为"个人潜意识"和"集体潜意识"。在这里，最具争议，同样也是荣格心理学理论中最受推崇的"集体潜意识"浮出水面。它的真正核心就在于，相对于其他生物，人类的脑海中残留下来的先祖记忆会让一个人显现出足以同其他生物相区分的"特性"。而这种经过千百年积淀下来的先祖记忆又会在人类内部形成一种共性，投射到现实生活当中，表现为本能。

除了潜意识之外，荣格对心理学的贡献还有梦境研究、情节和原型理论等等。在讨论个人与社会的关系时，荣格还提出了阿尼玛和阿尼姆斯、人格面具等不易被人觉察，但却真实存在的心理学现象。所谓"阿尼玛"，就是男性人格当中的女性气质，而阿尼姆斯则恰恰相反；人格面具则是指一个人在社会交往当中会用另外一种面貌示人，以此博得众人的好感。在荣格眼中，即便是再野性的男士也会在特定的时刻彰显出柔弱的一面，而个人面具的存在则从一定程度上左右了人们之间的相互交流。

对于人类社会来说，有关心理分析的研究往往具有非常重要的意义。很多时候，警察在处理案件时费尽心思也找不出一个头绪，或许一个简单的心理分析就能帮助他们解开谜团。又或者，一名平时看上去温文尔雅、平易近人的邻家男孩一夜之间就变成了杀人嗜血的恶魔，一个平时乐观向上、锐意进取的优秀青年突然之间变得自甘堕落、离群索居……

如此种种行为其实都可以通过精神分析找到答案，并被逐一破解。号称"亲手杀死了600人的世界头号魔王"亨利·李·卢卡斯就是一个患有严重精神疾病的人，恋母情结在他身上得到了病态的发展，极度偏执的他杀死了自己的母亲，以此获得了对母亲的"绝对占有权"。在随后的日子里，他还交上了一个同性恋朋友，并与其相伴。或许卢卡斯自己也不明白，到底是什么让自己一次又一次地攻击无辜的路人，犯下这种滔天大罪。而在荣格眼中，这些行为都是事出有因的。

当然，像卢卡斯这样的"杀人魔王"也只是心理郁结积压到了一定程度之后才形成的。对一般人而言，轻微的精神困扰是可以通过引导、释放来宣泄的。只要这种心理状态能够得到及时地排解，一切都会"风平浪静"的，当然这也是编者写本书的初衷。

在本书中，编者分别通过心灵层次分析、自我认同分析、梦境分析和性格分析4个方面详细解读了荣格精神分析理论的精华部分；在第五、第六两个章节中，编者则通过对沙盘游戏治疗和精神诊疗的描摹刻写，希望为大家提供一些有利于放松心情、调节精神压力的方法。

最后，编者衷心祝愿每一个接触到此书的人都能够精气十足、心情愉悦，充满正能量！

目录 contents

导读：荣格的心理学世界

荣格（Carl G. Jung，1875 — 1961 年），瑞士杰出的心理学家、精神病学分析医师、分析心理学的创始人。早年，他曾拜奥地利精神病医生及精神分析学家、精神分析学派的创始人西格蒙德·弗洛伊德为师，与其愉快地合作过一段时间，并被弗洛伊德任命为第一届国际精神分析学会的主席，但后来由于两个人的观点存在着诸多分歧而分道扬镳。与弗洛伊德相比，荣格更注重强调人的精神世界具有崇高的抱负，而并非只是为了满足人生的愿望和欲求，因而他极力反对弗洛伊德的自然主义倾向。在与弗洛伊德分道扬镳后，荣格潜心分析和研究心理学，并于 1916 年创立了"分析心理学派"。之后他隐居于苏黎世湖旁，继续为人们不时面临的精神矛盾和冲突寻找更为准确的答案。

1875 年 7 月 26 日，在瑞士北部康斯坦斯湖畔一个叫作基斯威勒的小村庄里，卡尔·古斯塔夫·荣格降生在一个虔诚的宗教家族。在他 6 个月的时候，便和父母移居到了莱茵河上游苏黎世州一个叫作劳芬的地方。这是一个被莱茵河、牧师馆、教堂、农场、城堡以及远方的阿尔卑斯山脉环绕的美丽得有些神秘的地方。荣格在这个环境中成长了 4 年，之后又随父母搬到了莱茵河更上游的巴塞尔附近一个叫作小惠宁根的城镇上，并在此处居住到成年。

　　对荣格来说，11 岁那年对他是特别有意义的，因为他被送进了巴塞尔的大学预科班。一天，荣格站在大教堂的广场上，突然被另外一个男孩猛推了一下，头重重地撞在路旁边的石头上，他几乎瞬间失去了知觉。

　　之后，在很长一段时间里，荣格都显得垂头丧气，但却并非因为这件事，而是他一直还在为弄清他自己和斜坡上那块石头之间谁是谁非而冥思苦想。每当他想到自己就是那块石头时，矛盾和冲突又突然停止了："石头是不具有确定性的，也没有想要与人沟通的冲动，千百年过去了依然是一成不变。而我只是一种会消失的现象，能够爆发出各式各样的情感，就跟火焰一样，炽烈之后便要走向熄灭。我不过是各种情感的总和，而我身上那个'他'却是不受时限、永不毁灭的石头。"

　　早在中学时期，荣格就发现，在他的内心深处一直居住着"另一个人"。在这里，没有什么东西能把"他"和上帝像现实中一样分隔开来，因为"他"的心灵仿佛同时与上帝一起俯视着天地万物。这个"他"以一种压倒一切的预感和强烈的情感使荣格感受到了"他"的存在。只有在这时，荣格才知道自己配得上自己，他就是那个真正的自我。每当荣格独自一人时，他便会很快进入到这种状态。因此，他总是疯狂地追求着"另一个人"，即第二种人格的安宁与孤独。

然而，荣格过分地追求"另一个人"所带来的安宁与孤独的享受使同学和老师们认为他"很不寻常"，同时也相当排斥他，因此总是挑他的"毛病"。在这种情况下，一件事情像炸雷一样在他的头上炸响了。老师布置了一个作文题目，荣格对这个题目产生了兴趣，便劲头十足地写了起来，并写出了在他看来是精心创作得极其成功的一篇文章，他对这篇文章抱着很大的希望。结果，他的文章确实拿了高分——整整 100 分。不幸的是，他却被老师痛斥是抄袭来的。

他当时火冒三丈，感到自己被烙上了"犯罪"的烙印，而且本来有可能使他摆脱与众不同的那条道路竟被老师的一句话给堵死了。他深深地感到沮丧和耻辱，并发誓一定要对老师进行报复。然而，就在他的悲愤快要无法控制的时候，以前反复出现的映像又产生了：内心突然间无比寂静起来，仿佛有一道隔音的门把世间所有一切争吵都关在外面了。这时，一种冷静而又好奇的情绪突然就落到了他的脑海中，于是他自问：到底发生了什么事？好吧，荣格你激动了，那个老师不过是个白痴，他不了解你的本性——也就是说，他并不知道那篇文章的确是你写的。如果一个人对事物认识和理解得不够，他就会变得异常激动起来。

按照这些既不偏颇又不动怒的思想的指引，与那一系列想法相类似的思想又向荣格的心里袭来，但他并不愿意去思考那些复杂的问题，因为它们已经极为有力地铭刻在了他的心中。尽管他依然弄不清第一人格和第二人格之间究竟有着什么差别，尽管他一直声称第二人格的世界才是他的个人世界，但是在他内心深处却总是感觉到，除了他自己以外，还包括某种东西——仿

荣格心理术

佛是一个已经死去很久的人的不为人知的灵魂，虽然这个人已经死去，但却不受任何时间、空间限制地永远存在着，一直到很遥远的将来。或者说是由一些无边无际的空间所组成的一个广袤的、朦胧的世界，这里笼罩着一圈指导精神的圣洁光环。

后来，荣格读了叔本华与德国哲学家伊曼努尔·康德的著作，尤其是《纯粹理性批判》使荣格陷入了深深的思考中。随后，荣格竟然通过康德的知识论思想发现了叔本华哲学体系中的一个根本性缺陷，同时也是一个致命性的过错，即把一个形而上学的主张人格化了。而这种哲学上的发展使荣格对世界和人生的态度产生了一种革命性的改变——以前，他总是胆小懦弱，健康状况不佳，并对周围的人充满了不信任感。而他现在决定不再那么落落寡合了，他变得喜欢结交朋友，并且开始对所有的事物都产生了极大的求知欲。

大学毕业后，荣格到了伯戈尔茨利精神病院去工作，一连六个多月荣格就像关禁闭一样将自己关在那犹如修道院似的精神病院中，为的是习惯精神病院的生活、风气以及那些疯疯癫癫的精神病患者。在此期间，为了使自己熟悉各种精神病患者的思想、行为和心理，他把长达50卷的《精神病学概论》仔细地研读了一遍。他很明白，自己需要弄清楚人类的心灵在面对人类本身的毁灭情境时是如何做出反应的。因为在荣格看来，精神病学清楚地表达了这类病是如何支配人类那所谓的健康的头脑中的生物学反应的。在那段时期，荣格还暗地里研究了那些瑞士同事在遗传背景方面的统计数字，并从中学到了不少东西，尤其是使他更好地理解了精神病人的智力。

在伯戈尔茨利精神病院，左右荣格的兴趣和研究工作的是这样一个急迫的问题："精神病人的内心到底发生了什么事呢？"荣格对这个问题感到很不解，而他的同事看上去却对这个问题很不关心，他们感兴趣的只是如何诊断出或如何描述精神病人的症状，而这一点从当时流行的临床观点来看是毫无意义的。因为这对精神病人的康复根本起不到任何作用。

在这一点上，西格蒙德·弗洛伊德对荣格而言就变得极为重要了，特别是弗洛伊德在癔病和梦的心理学方面进行的那些基础性的研究，为荣格指明了对个别病例进行密切调查和了解的道路。尽管弗洛伊德本人是个神经病学家，但他却把心理学引进了精神病学。

荣格认为，在许多情况下，病人前来就诊时都有一个不愿提及的故事，而这个故事一般都是极其隐秘的。只有对这一完全属于个人的隐秘故事进行仔细调查后，对病人的治疗才能算是真正的开始。因为这个故事不仅是病人心中的秘密，而且它往往是使病人身心受创的因素。只要知道了这个秘密，便等于掌握了治疗的关键。在大多数情况下，仅仅只是探讨意识方面的材料是远远不够的，进行联想试验则可能打通这条路。在精神治疗上，应该从病人的整体而绝非表面症状入手，否则病人就不会得到真正的治愈。

此时，荣格在伯戈尔茨利精神病院已经工作了4年之久，即工作到1905年。这一年，荣格在伯戈尔茨利精神病院升为精神病高级医师，同时又在苏黎世大学担任精神病学的讲师。在苏黎世大学的讲座中，荣格曾多次提到这样一个理论："精神病学是有心理学背景的。"这是荣格从事精神病学研究几年以来最为重大的一个发现。而到了1906年，一位病人的往事顺利地为荣格揭示了精神病的心理学背景。这使得荣格首次明白了精神分裂症患者的语言，虽然那种语言在当时被认为是没有任何意义的。

安吉尔出生于苏黎世旧城，那里的人普遍贫困不堪，街道不仅狭窄而且肮脏，安吉尔就是在这样恶劣的环境中长大的。她的姐姐是个妓女，父亲是个酒鬼，在她39岁那年被检查出患了偏执狂式早发性痴呆症，即精神病。之后，她便被送到了伯戈尔茨利精神病院。在精神病院中，她被当成直观教学课的实例展示给医院学的学生观看和研讨。一位学生曾这样说道："在她的身上，我看到了精神分裂的不可思议的过程。"荣格认为，安吉尔是一个典型的精神病患者，她的精神完全失常并经常说一些丝毫没有意义的极为疯癫的话，荣格一直尽自己最大的努力试图弄明白那些被认为是胡说八道的话的真正含意。比如，她总是哭喊道："我是苏格拉底的代理人。"对于这句话，荣格认为她是想说："我像苏格拉底那样受到了不公正的指责。"或者，她偶尔会爆出"我是玉米面底下的葡萄干蛋糕""那不勒斯和我必须给全世界供应面条"之类的话。荣格觉得，这是她在为提升自己的价值而发出的呐喊，并以此来减轻她内心的自卑感。与此同时，在她精神错乱的背后还存在着一种正常的心理，只不过这一心理一直都在袖手旁观，或者无可奈何。但这一正常的心理偶尔会通过各种语言甚至做梦的方式做出完全符合理智的想象、意见或评论等行为，虽然它被大多数人认为是没有意义甚至疯癫的行为。

"从精神病人的外表来看，我们所看到的一切都是他们悲惨的人生和疯癫的表面行为，而外表往往是最具欺骗性的。事实上，属于他（她）们心灵的另一面一直深藏在其内心，因而他（她）们的一切活动我们便几乎无法看到，比如梦境。"这是荣格在1906年提出的有关精神病学中的观点，可以看出精神病学与心理学是联系在一起的。而在一个年轻的精神病患者的身上，荣格证实了这一点。这名精神病患者名叫博尔·凯蒂，她出生在一个看似有教养的家庭，但在她15岁那年却被自己的亲哥哥强奸了，之后又被同班的男同学凌辱。

因而，从那个时候开始，凯蒂便渐渐与他人疏远，将自己禁锢在孤独和恐惧之中。她避不见人，连父母也不见，但她却和邻居家的一只恶狗建立起了唯一友好的感情关系。因此，她一直争取想把那只狗据为己有，并做出了一系列愈来愈古怪的行为。比如，把那只狗偷偷引到自己家里，或者干脆将那只狗关在自家的储物间……直到 17 岁那年，她被送进了伯戈尔茨利精神病院，而后在那里一待便是两年。

在伯戈尔茨利精神病院，凯蒂拒绝和任何人说话，而荣格一直试图慢慢地说服她开口说话。经过几个星期的努力，在帮助凯蒂克服了诸多障碍之后，她终于对荣格说，自己每天晚上都会做同一个梦。起初，当这个梦偶尔不出现时，她甚至强迫自己进入这个梦境，直到她每天都会做这个相同的梦——她梦见自己一直住在月亮上，那里的环境和地球上一样。唯一不同的是，那里只有女人和孩子，没有男人。因为男人都被住在月亮上的一个吸血鬼捉去了，那些男人最终成为了吸血鬼的奴隶，因此，在月亮上居住的女人和孩子便受到了灭绝的威胁。于是，她下定决心要为月球上的人做些事情——计划要消灭这个吸血鬼。经过很长一段时间的准备，她便等待着那个吸血鬼出现在自己专门建造的一个高塔的平台上，这个平台就是陷阱。许多个晚上过后，她终于看见吸血鬼从远处向高塔飞近，当吸血鬼拍打着翅膀向她飞来时，她抽出藏在长袍下的献祭用的长刀，等待机会一刀刺穿吸血鬼的心脏。然而，令她惊奇的是，吸血鬼拍打翅膀飞翔的样子居然令她突然产生了一种非常喜欢的感觉，就在她犹豫着是否要一刀刺向吸血鬼的那一刻，吸血鬼的翅膀像铁钳一样紧紧地夹住了她，而她手中的长刀也被迫落在了地上。

凯蒂说，地球是不美丽的，是残酷的，而月球是美丽的，是和谐的，因而她一直想要脱离地球，想要住到月球上去。当这种想法一直得不到实现时，她变得狂躁不安，精神高度紧张。而对于那个梦，她说自己也不明白。总之，它每天晚上都会出现。荣格认为，那个梦其实就是凯蒂内心深藏的不为人知的一面，梦里的吸血鬼其实就是强奸她的亲哥哥和同学的化身，而她一直想要对抗，却因为她的一时疏忽而失败。之后，荣格调查到，在凯帝被亲哥哥强奸前，她一直很崇拜甚至迷恋自己的亲哥哥。因此，在那个反复出现的梦中，她也因为突然间产生的喜欢而败给了吸血鬼。而她之所以愿意和荣格说话并讲出这个梦境，只是因为她的内心一直想要回归正常人的生活，然而现实中的那些不美好总是让她的内心产生恐惧和紧张，从而她一直想要生活在梦中，但却总是想要摆脱那个梦。正是这种矛盾心理加重了凯蒂精神上的负担，因此它不得不住进精神病院。

通过这些精神病患者的种种行为荣格清楚地意识到，在这些精神病患者的思想和幻觉中，其实包含着极其深刻的东西，即潜藏着一部生活史、一种希望与期待，如果不试图去了解它们，而只是将它们当作精神病患者的疯癫行为，实际上这是一种极大的错误。荣格忽然第一次明白了：人类的正常心理其实是隐藏在精神病之中的，甚至就存在于这里。

从那之后，荣格便以另一种眼光来看待精神病人所表现出的种种行为以及所受的种种痛苦，因为他已经很清楚地得出一个结论：精神病患者内心的体验是丰富多彩的，这也是极其重要的治疗根据。自此以后，荣格便在精神病患者的治疗过程中开始应用心理疗法，并极力主张将其引用到当时的精神病学中去。

荣格对待工作的态度可谓是精益求精，他在主张心理治疗时经常对自己的心理疗法和分析疗法提出各种疑问。他认为，病例不同，治疗的方法便有所不同。当一名精神治疗师告诉荣格自己是如此严格地坚持某一种疗法时，荣格不但批评了他的固执己见，还对他的疗效抱有怀疑的态度。荣格甚至认为，病人之所以对医师的治疗方法产生抵御性反抗心理，其根本原因就在于，医生的治疗方法使病人觉得医生是在千方百计地把某种东西强加在病人身上。而实际上，治疗方法应该根据病人的具体情况来加以调整。

荣格指出，心理治疗和心理分析都是因人而异的。应该尽可能将他们区别对待，因为问题的解决办法从来都是独特的。即便是有普遍的法则，其适用性也是有所保留的。而心理学上的真理之所以被称为真理，就是因为它具有颠覆性，或许对某个病人完全不适用、不见成效的解决方案对另一个病人却可能完全适用且有效。一个医生必须熟知各种治疗方案，以免使自己一直守着特定的、一成不变的方案。总体来讲，一个人对理论上的各种假设都必须小心谨慎——它们今天可能是正确的，而到了明天，甚至下一刻就有可能变成错误的，或者是其他假设的反面。在荣格对心理治疗的分析过程中，它们根本不会起到任何决定性和长久性的作用。对每一个病人都需要使用不同的治疗方案。比如，在进行一次理论分析时，这次可以用阿尔弗雷德·阿德勒的语言说话，但在下一次分析时，即便是同样性质的分析，则可能用西格蒙德·弗洛伊德的语言说话了。

事实上，每当荣格给病人进行心理治疗时总是以一个人面对另一个人的态度来对待，而不是单凭医生的主观臆断。荣格认为，心理治疗应该是两个人参加才能进行的对话和活动，心理分析者与病人面对面地坐着，四目相对，分析者固然有许多话要说，而病人也同样有许多话要表达。因此，说到底，重要的不是一种理论是否得到了证实，而是病人是否领悟到了自己是一个个体。对于这一点，心理分析医师首先就应该有所领悟才行。只有心理医师领悟到了这一点，才能对病人的心灵和视野加以引导性的推动。要知道，人的心灵的包容范围是无限的，但精神病人的心灵则必须通过心理治疗医师的循循善诱才能逐渐开阔。荣格认为，心灵显然要比躯体更为复杂和更难接近。换句话说，只有当我们意识到了它，它才会呈现出我们的另一半。由于这个缘故，心灵并不是一个人的问题，而是整个人类的问题，因此心理学所要与之打交道的就是整个人类。

然而，人们都很清楚，威胁着所有人的那种灾难并非来自大自然，而是来自人类自己，来自整个人类的心灵。而人的精神失常就是这一危险的所在，一切也都取决于人类的精神是否能够正常地发挥作用。从这一点上来说，荣格肯定自己当初关于精神病学方面的选择是正确的，因为这关乎整个人类的事业。在这一时期，荣格又提出了一个独特的观点，那就是心理治疗师不但要充分了解病人，更重要的是必须了解自己以及自己的心理所存在的种种问题。对于这一点，心理治疗师的分析对象就是"绝对必要的条件"，也就是所谓的训练性分析。换句话说，病人的治疗始于医生。只有当医生懂得了如何处理自己的心理问题后，才有可能去治疗病人。而所谓训练分析，指的就是心理医师必须学会认识自己的精神并严肃地加以对待。如果一个心理医师做不到这一点，那么他的病人便不会得到真正的治愈，也就会丢失一部分精神，其情形就跟心理医师没能理解他自己的那一部分精神一样。

因此，对于训练分析而言，心理医师只掌握一系列的概念是远远不够的。他们必须意识到，对病人的心理分析和治疗与医师本人的心理是有关的。由此可以看出，训练分析是心理治疗中心理医师自我治疗的一小部分，而这一小部分必须从心理医师自身的心理分析中找出结果，否则将无法彻底、有效地治愈自己的病人。虽然心理学界有一种叫作"附属心理疗法"的诊疗方案，但在任何全面的心理治疗下，病人与心理医师二者的整个心灵都要充分调动并结合起来发挥作用。有许多病例，如果不是心理医师全身心介入，是无法达到完全治愈的。而心理医师是否能够把自己看作是病人的一部分，其治疗结果会大不相同。荣格指出，在病人处于精神严重错乱或面临生死存亡时，也正是心理医师的心理素质受到极限挑战之时，在这种时侯，心理医师的心理就成了某种权威。

荣格认为，心理医师在任何时候都必须对病人的心理进行密切的观察，同时对自己本身的心理变化也要像对待病人那样。作为一名心理医师，还必须时刻扪心自问："我以及病人是如何经历这种心理变化的呢？"荣格就常常自问："病人正传递给自己的是一种什么信息呢？它对我究竟意味着什么呢？如果我参不透其中的含意，那就找不到打开病人心理缺口的治疗方法。"除此之外，荣格还指出，只有心理受过伤的医生才会真正懂得医治病人。如果一个心理医师的心理犹如盔甲一样坚硬，那么他不会真正治愈他的病人。然而，很多医生却将自己的心理创伤深深地隐藏起来，尤其害怕被自己的病人得知，那样会让他们觉得自己没有权威。其实不然，病人往往是医治心理医生的心理创伤的一种良药，因为在治疗病人的同时，心理医师也会发现诸多自身存在的问题及其治疗方式。对此，荣格认为，每个心理治疗医生都应该以一个第三者的身份来支配、控制自己的行为，即跳出医师本身和病人的范围，使自己接受一些难以接受却又必须接受的事物和观点。

荣格心理术

此外，对于当时的心理医师们推崇心理治疗都应该"顺着"病人及其情感的走向的观点也不尽相同，至少荣格并不认为这样做总是对的。有时候，心理医师进行一些积极的干预也是有必要的。有一次，一位贵族夫人来荣格这里诊治，此人经常扇仆人耳光，甚至激动起来连医生也不放过，就因为医生告诉她，她的确患有强制性精神病。也正是因为如此，没有哪一位医师愿意帮她治疗。当这位夫人知道这里有一位很有名的荣格心理医师后便来到荣格的诊室，她高大威严，身高足有 1.8 米，荣格当时就在想，她的巴掌打到脸上可真够让人受的！起初，荣格和这位夫人谈得很投机。然而，当她听到荣格说自己患有精神病时顿时怒气冲天，蹦跳着举起手来，打算给荣格一巴掌，但却被荣格用一只手挡在了半空中，荣格对这位夫人说道："太好了，如果真的要那样拼命的话，那您先打——女士优先嘛！不过，等会儿就该换我出手了。"没想到，经荣格这么一说，那位夫人竟然一改嚣张的态度，一屁股坐回到了椅子上，火气一下子全消了。也正在这时，那位夫人突然很乖巧地说了一句："以前可是谁也不敢对我这样啊！"从那一刻开始，荣格对那位夫人的心理治疗就变得容易多了。

在荣格看来，这位病人所需要的是一种男子汉气概式的反应。在这一病例中，要是全然"顺着"病人的心情和脾气，不仅无法与病人取得协调性的发展治疗效果，还会蒙受一些不该承受的耻辱。荣格分析后认为，那位患者之所以患有强制性精神病，原因就在于她无法给自己施加道德上的约束力，因而就必须要对其施加特别的约束力，从而对其产生强制性的制约。更重要的是，在两个多月的精心治疗下，这位夫人的情况已经符合出院的条件。对此，荣格感到很满意。当时，荣格对自己所治疗过的病人的结果做过一项数据统计，据这些统计数据显示，有 1/3 的病人完全治愈了，1/3 的病人的症状大有好转，还有剩下的 1/3 情况没有什么好转。但荣格认为，这些没有好转的病人只是因为他们对好多事情都未能认识和理解，而许多年之后，他们或许便能认识和理解了，也只有到了那个时候，他所传授给他们的东西才能发挥作用。1901 年 1 月，荣格曾医治过一个名叫贝儿·赛金斯的病人，但赛金斯的病情一直没有好转。直到 1905 年 3 月，赛金斯突然写信告诉荣格说："我到您那里诊治，结果 4 年后，我才认识到自己此前有多么糟糕。"

当然，荣格也遭遇过对他的治疗感到无效而离开他到别处治疗的病人。对于这类病人，荣格将其看作是在自己行医过程中对自己产生重大影响的病人。在荣格看来，他们就像是一朵朵怒放的心灵之花，也正是因为有了他们才得以使自己了解自身的不足和需要学习的地方。而他的同事则认为病人离开自己是一种耻辱，这也是荣格和他的同事思想不同的地方。同时，荣格认为，心理治疗要有效果，这需要医师与病人建立起密切的关系，密切到医师对病人的各种痛苦，无论是惨烈的还是深切的，均不应该视而不见。说到底，这种关系就是指医师与病人要相互理解、相互配合，直至达到心灵上的高度默契。当然，医师和病人在心灵上也有相对立的时候，这时就需要彼此相互辩证心灵对立的现实，要是这种相互产生的对立无法相互辩证甚至撞击，那么心理治疗的整个过程不会达到真正的疗效。颇为有趣的是，被荣格治愈的一些病人竟然成了他真心实意的弟子，并把他的思想和见解传播到了各个地方。荣格与这些人建立起的友谊经受住了时间的考验，可谓山高水长。

更重要的是，这些人使荣格得以深入人生的现实，并从他们身上懂得了不少根本性的东西。对荣格而言，遇见形形色色且心理状况截然不同的人，比起与那些知识名流所进行的只言片语的交谈，前者的重要性实在是后者无法比拟的。

在研究与临床实践中，荣格终于在1912年完成了自己的著作《潜意识心理学》。从某种意义上讲，《潜意识心理学》的出版在很大程度上应当归功于他和弗洛伊德之间半师半友的情谊——彼此对精神分析的研究以及双方互有见地的认识让他们多年来一直保持着良好的书信往来，以至于在后来国际精神分析学会成立之初，荣格被弗洛伊德任命为第一届主席，由此也可以看出作为师长的弗洛伊德对荣格的器重与赏识。

事实上，《潜意识心理学》的出版和荣格的工作有着很大的关联，因为在1904年到1905年期间，荣格在伯戈尔茨利精神病院参加了由布雷勒主持的关于如何治疗早发性痴呆（也就是后来的精神分裂症）的实验计划。通过对这一实验计划的参与，荣格进一步完善并发展了著名的"字词联想"的测试方法，主要是运用一连串经过挑选的字词对病患进行提问，通过观察病患的回答方式以及反应时间上来进行研究，以分辨出不同形态的病患的心理情结及其产生的原因。而与弗洛伊德之间的交流恰好在某种程度上帮助了荣格，从而让荣格顺利地完成了《潜意识心理学》这部著作。

后来，就在弗洛伊德对荣格万般信任，并将其任命为精神分析运动的继承者时，两个人产生了根本性的矛盾，弗洛伊德坚持以物质主义者的观点为支撑，而荣格却对灵学有着自己独特的看法与认识，这种分歧的出现使得荣格对弗洛伊德的理论构架产生了怀疑，并萌生了推翻弗洛伊德理论的念头，同时也使成立不久的精神分析学派面临着分裂的危险。

此时的荣格已人到中年，但他却坚定地发表了一篇《精神分析理论》的文章，公然与弗洛伊德决裂，这使人们认为他有些众叛亲离，很多朋友和同事都远离了他，荣格也辞去了精神病医师的工作，开始了一连串的旅行。这种对旅行的热情就像他在学生时代对史学考古所产生的热情一样，不同的是荣格的研究触角开始伸向了人类的潜意识。在此期间，诺斯替教派作家的作品引起了他的兴趣，因为这些作家是最早正视人类潜意识世界的，并且让荣格从宗教的炼金术中找到了和诺斯替教派的历史关联。这一发现打开了了荣格的思想之门，因为他发现了分析心理学竟然是在以一种十分奇特的方式与古代的炼金术有着某种不谋而合的巧合。比如，他在阅读那些古老的书籍时发现现实中的很多事物实际上都能从这些古老的书籍中找到其理论上的归宿，比如人类的各种幻象意识，自己通过实践所得到的经验或是结论。

茅塞顿开的荣格发现，意识心理学能够满足对所有在现实生活中发生的现象进行解释，只是在对精神官能症进行剖析时则必须要有患者的一份既往病史，因为这些看似游离于一个人意识中的知识之外的东西更能准确而深刻地反映出一个人的心理。再比如，当一个人要做出某种重大或是非同寻常的决定时，这个人通常都会做梦，如果要做到准确地诠释这个梦，就需要拥有比这个人记忆中更多的知识才能够做到。

1919年，荣格首先提出了"心理类型学"，并在两年后出版了《心理类型学》一书。在这本书中，荣格认为人类的性格可以分为一般态度类型和机能类型两种。一般态度类型主要是根据心理能量的指向划分的，比如如果一个人的心理能量是指向自己的，那么这个人就属于内倾型性格，而如果其心理能量是指向外部环境的，那么这个人就属于外倾型性格。这一类型主要是从人类个体对外部情境所做出的不同反应而划分和界定的，而另一种机能类型则是从人的心理活动出发，荣格将一个人的心理活动分为思维、感觉、直觉和情感4种基本机能，通过对这4种心理活动的多年研究，荣格发现思维会帮助一个人判断出它是什么，而感觉却可以告诉人们它的存在，直觉能够告诉人们它来自哪里，情感则能够说明对它是不是满意。然而，与其他精神分析学家的意见所不同的是，荣格认为，直觉是可以在缺乏事实基础的条件下进行推断的。在这本书中，荣格将人类一共划分为8种不同的类型，包括外倾思维型、内倾思维型、外倾情感型、内倾情感型、外倾感觉型、内倾感觉型、外倾直觉型、内倾直觉型，但他并不是仅仅做出了一个简单意义上的划分，因为在现实中纯粹单一类型性格的人是不存在的，绝大多数都是两种类型兼具的，只有在某种特定的情境之下，一个人性格之中占主导地位的单一类型性格才会比较突出地表现出来。

荣格所提出的这种人类性格的心理类型学理论在后来被广泛地应用到了管理、教育和医学等领域，因为荣格的这种性格类型的划分的确给人们带来了很多便捷，以至于后来还有很多心理学家根据荣格在书中所描绘的各种不同性格类型的人所具有的特征，制作出了测量内外倾向的量表，这使得人们能够更为快速和直观地准确了解一个人的性格。

《心理类型学》是荣格对心理学研究领域的一大贡献，因为相对于其他心理学家而言，荣格从研究之初就抱着一种避免使自己的结论出现偏颇的思想。为此，他先后到过突尼斯、美洲、阿尔及利亚、肯尼亚、印度和埃及等国家的几乎处于原始社会的部落，深入研究那些尚未开化的部落、种族的心理演化方式和过程。与此同时，他还对东方宗教和亚洲文化进行了广泛而深入的调查，比如中国的道家学说、禅宗和《易经》，印度的佛教，等等。这些研究都为他日后对心理学的研究给予了很大帮助，从而也确立荣格创立了一门不同于其他类别的心理学科——分析心理学。

不容忽视的是，荣格不仅对人的心理类型做出了详细准确的分类，他在研究人类的潜意识方面同样做出了令世人瞩目的成就。比如对人类的心灵的描述，包括意识和潜意识在内，这些他从临床试验中总结出来的理论在荣格中年以后的不断研究与探索中，最终形成了荣格的心灵层次理论。在他看来，人的心灵可以分为个人意识、个人潜意识、客体心灵和集体意识4个层次。其中个人意识指的是自我或是日常的观察，是指人类在感觉、认知、思考和记忆的那部分；个人潜意识指的是曾被心灵所意识到但后来又被遗忘的那部分，或是没有在大脑中形成印象的意识，它类似于弗洛伊德所说的"前意识"；客体心灵又被称为集体潜意识，它是人格中隐藏最深、最不易被触碰到的人类或前人类物种的那些经验；集体意识则是指人类所共有的某种经验。在此基础上，荣格还发现了一种在潜意识之外所存在的个体或集体的无意识，这种集体无意识是通过遗传存在的，其表现形式主要有人格面具、阿尼玛、阿尼姆斯和阴影4种。其中人格面具是指人的外层部分，它可以掩藏一个人真实的自我，阿尼玛和阿尼姆斯则分别代表着男人和女人身上所具有的双性特征，阴影则是指低级的具有动物性的种族遗传。荣格的这一发现对社会心理学的发展有着不容忽视的深远意义。

另外，荣格对心理图谱上的结构、人类心灵中的本我、心灵的关系、情结与原型、认同和关系的结构，以及对宗教的认识和对梦的形成与解析方面都有着超过之前所有心理学家的不同认识，并先后出版了《潜意识心理学》《心理类型学》《分析心理学的贡献》《回忆、梦、反思》《答约伯》《人及其象征》

等多部著作。但荣格带给人们的启发却并不仅仅局限在这些心理学著作上，比如早期他在实验过程中所运用的词语联想，启发后人据此研究出了多种波动描记器，也就是后来出现的测谎仪的前身，同时也奠定了心理学上的心理情结这一概念。所以说，尽管荣格是一位心理学家和精神分析医师，但他带给后人的启发却是多方面的，也是十分深远的，尤其是在当今超个人心理学方面更是有着巨大的影响。

Chapter 1　心灵上的疾病才是依附在命运上的魔咒

——荣格的心灵层次分析术

心灵层次分析是卡尔·荣格最为经典且最负盛名的理论。在这里，他在恩师弗洛伊德的"前意识"观点上更进一步地提出了"个人潜意识"和"集体潜意识"。对很多初学者而言，弄清意识和潜意识之间的区分是有些困难的，而且这些看起来过于艰深、晦涩的理论也缺乏实际意义。

　　但是事实证明，正是在荣格提出心灵层次分析理论后，人们在克服很多诡异的心理疾病的时候才显得有法可依。在现实生活中发生过很多"老好人"转身变为"嗜血魔头"的事情，比如20世纪80年代的"美洲杀手"阿隆索·洛佩兹，很多熟悉他的人都将其视为勤勤恳恳的老好人，但是他却制造了300余起命案，而这一切都要从心理层面进行分析。

1.每个人的心里都有一个心灵魔法屋——心灵的四层次

在荣格眼中，每个人都是非常复杂的，认识一个人不光要从他所做的事情来进行判断，还要结合他所处的社会环境以及时代背景。在与西格蒙德·弗洛伊德决裂之后，荣格并没有放弃对意识和潜意识的研究，而是在对方的理论基础上进一步提出了"心灵四层次"理论。可以说，"心灵四层次"的提出为解释很多看上去"非常怪异"的行为带来了巨大的帮助。

在古希腊民主政治全盛时期，有一名叫阿里克勒亚的年轻人失手打伤了一名外乡游客，于是当地的长者召开了一次集体大会，通过投票的方式将阿里克勒亚逐出本部落，5年之内不准他回到家乡。受到部落遗弃的阿里克勒亚离开家乡之后四处流浪，并且在雅典做过一年多的苦力。等5年期满之后，阿里克勒亚才重回家乡，结束了四处漂泊的日子。而此时由于长时间的磨难，他老得很快——手粗糙不堪，眼角布满了皱纹。但是不管怎么说，阿里克勒亚还是坚持了下来，他在离开家乡的5年时间里接受了应该受到的惩罚。

其实，这本来是一件再平常不过的事情了，但荣格却从其中找出了"心灵四层次"的影子。在他的理论中，荣格将意识分为"个人意识""个人潜意识""集体潜意识""集体意识"四部分。他将阿里克勒亚伤人、被驱逐、流浪、返乡这一过程完整地分析了一遍，并且一一分解开来。

（1）个人意识

荣格认为，个人意识是指人有意识的心智。它是心灵中关于认知、感觉、思考的那一部分。当时的情况是，阿里克勒亚看见自己的母亲赫拉提斯将一位自己从来都没有见过的男子带回了家中，并且给对方饭吃。对此，阿里克

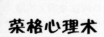

勒亚非常不满意，就大声对男子说："你吃过东西之后马上离开，这里没有多余的床让你睡觉！"

听到这样的话后，赫拉提斯批评了儿子，她对阿里克勒亚说："孩子，这个人已经很久没有吃过饭了，而且现在天马上就要黑了，风很大，你让他到哪里去？我们把他留在家里，就算让他睡在地板上，也比被赶出门去受冻强啊。"

外乡人听后得意起来，并在旁边不断地说着一些风凉话，讽刺阿里克勒亚心肠太狠，还说赫拉提斯"怎么养育了这样一个儿子"。可想而知，这样嚣张的态度马上激起了阿里克勒亚的愤怒，他举起一根木棒想要赶走这个讨厌的不速之客，但却没有想到外乡人被他打断了腿，变成了残疾人。

针对阿里克勒亚伤人这一事件，荣格认为这就是一个人"个人意识"的体现。他指出，阿里克勒亚在受到他人挑衅的时候怒火中烧，采取了相应的行动。

（2）个人潜意识

对于"个人潜意识"的解释，荣格是这样定义的：它是针对个别心灵而言的，是由一个人曾经意识到但却被遗忘或者压抑，甚至是一些原本就没有被意识到的印象构成的。

对阿里克勒亚来说，几句刺耳的话又怎么能够让一个人性情大变呢？这就需要从"潜意识"的层面分析了。荣格指出，阿里克勒亚生活在一个单亲家庭中，一直和母亲相依为命，因此他有浓厚的恋母情结。对他来说，母亲赫拉提斯就是一切，如果有人试图和他分享这种幸福，那么阿里克勒亚就会无比焦虑，并且愤怒异常。更重要的是，在这个时候，赫拉提斯偏向着外乡人一边，还帮助对方训斥阿里克勒亚，这激化了双方之间的矛盾——阿里克勒亚在自己的潜意识当中认为自己失去了单独拥有母亲的"特权"，于是举起木棒殴打了那位外乡人。

那么，阿里克勒亚为什么会做出如此的举动呢？对此，荣格认为这实际上就是由于他的潜意识在作怪，长久以来对母亲的依恋同如今害怕"失去"母爱形成了尖锐的矛盾。这样看来，阿里克勒亚被判处5年之内不准回到家乡实际上是他替自己的"个人潜意识"背了黑锅。

（3）集体潜意识

荣格表示，除了个人潜意识之外，人类群体也有所谓的"集体潜意识"。集体潜意识是人类通过千万年的历史活动，积累在人脑当中的残留的痕迹。

对于阿里克勒亚背井离乡、忍受重重磨难，荣格提出了这样一个问题："这个年轻人凭什么会心甘情愿地离开温暖的家乡，漂泊在外，吃苦受罪呢？"

实际上，这就是一个关于集体潜意识的话题了。由于在此之前所有人都对公投出来的裁定绝对服从，这样的风气在阿里克勒亚出生之前就早已经形成了。所以，在所有人的潜意识中，集体裁夺本身就是不可否定的，任何事情一旦被决定下来，那么它们一定都要被执行。换句话说，假如不是阿里克勒亚，换作其他人违反了法律也同样会默默服从裁定的。

可以说，阿里克勒亚将公投出来的结果看作是绝对的权威。实际上，这是人们长期以来对法官的权威崇拜、尊敬之后的遗留产物。正是这种"历史烙印"让他根本无心反抗，即便吃了很多苦，经受了众多磨难，他也毫无怨言。在这里，整个部落的百姓实际上也处于同样一种状态，他们也对集体会议有着与生俱来的敬畏，这就是荣格所说的"前人类和人类残留下来的经验"。

（4）集体意识

对于集体意识，荣格解释说，这是人类心灵普遍存在的结构。在他们眼中，整个世界是有着共同价值和文化的。在判决阿里克勒亚这一件事情上，所有人都认为打伤了人就需要承担相应的责任，这就是一种集体意识的体现。

因此，在荣格眼中，每一个人的内心世界都是一个"魔法屋"，很多时候我们都会做出一些连自己都难以理解的事情。实际上，这并不是什么"受到了魔鬼的引诱"，而是说在这个时候"潜意识"占据上风，并主导了一切。具体到阿里克勒亚伤人一事上，他原本是一个人人交口称赞的青年，结果却因为几句刺耳的话将人打成残废，这本身就是由隐藏在他内心深处的恋母情结所驱使的。现实生活当中也有很多类似的事情，不少"乖孩子"会在特定的条件下做出让人大跌眼镜的举动，对于这样的事情，人们还是需要区别对待的。因为这并不意味着当事人已经"自甘堕落"，在很多时候，他们只是被自己的潜意识驱使了而已。

2.每个人都自恋

荣格的心灵层次分析术同样也可以用到婚恋方面来。在他看来，很多人因为失恋而变得精神不振，甚至性情大变，实际上并不是人们浅层次理解的"爱得太深"。他们放声大哭，实际上是因为"失去了爱情本身"。纳西索斯是古希腊神话故事中一个极度自恋的人，他对自己的好感使他隔断了自身同外界之间的联系，最后在试图亲吻水池中的倒影时溺水而亡，后人因此将纳西索斯看作"自恋"的代名词。而在荣格眼中，每一个人其实都是自恋的，他们的心中都住着一个"纳西索斯"。

1936年的秋天，一名叫玛丽·西多斯的瑞士女子找到荣格，希望他能帮助自己解除失恋的痛苦。在此之前，西多斯结交了一名德国男士，并和他确立了恋爱关系。但是，现在这名叫罗纳德·马坎的男子决定听从纳粹党的号召，回到德国做一名军人。

"他最开始来的时候，是我收留了他，"西多斯哭着说，"我给他提供吃穿用住，还帮助他找到了工作，连他所有的衣服都是我亲手洗的，但是现在他就这样走掉了，我到底做错了什么？"

说完这句话后，西多斯放声大哭起来，荣格的女儿格莱特上前劝慰她说："或许这只是他一时冲动罢了，过些时候他就会想起你，然后再一次来到你身边的。"

"不会的！我们在一起4年了，他却愿意为了那些事情离开我！"西多斯想了想后拍着桌子，歇斯底里地大声喊道："就算他回来，我也不愿意接受他了，我要单身过一辈子！快点儿随了他的愿，让该死的战争打起来吧，打死那个叫马坎的负心汉！"

荣格看了看女儿，示意她不要再说话，而西多斯就在荣格家的客厅里一连痛哭了3个小时。

实际上，荣格见过很多这样的人，他们在失恋之后的很长一段时间里都无法从阴影中走出来。而且，对于这一类人，其他人的劝导似乎永远也不会起作用。相反，外来的劝慰反倒会让他们更加难以自拔。现在的西多斯就是这样一个人，她难以接受失恋的打击。西多斯的母亲告诉荣格说，自从马坎走后，自己的女儿就整天琢磨着自杀，幸亏自己及时发现，这才保住了西多斯的性命。

听到这些话后，荣格先是安慰了对方一番，并且声称西多斯会好起来的，他对老妇人说："您的女儿确实受到了非常严重的打击，因此她的情绪很不稳定。可以说，她现在遭受了比较严重的心理困扰。现在我可以为她设计一些不同的治疗方案，如果一切正常，她会很快从阴影中走出来的，因此你完全不必太过忧虑。"

荣格的治疗方案很简单，他决定让西多斯到大城市好好地玩一下。

"听着，你要为她准备几套漂亮的衣服，并把她精心地打扮一番。她现在这个样子是肯定不行的。"荣格这样说道。

很快，西多斯的家人就按照荣格的指示为女儿安排了一次旅游，他们带她去沃州首府洛桑玩了整整一个礼拜。在繁华的洛桑，西多斯显得小心翼翼，再也没有产生"轻生"的念头。半个月后，一名叫马里奥·伽马洛的青年男子找到了西多斯的家，并且直言想要和西多斯交往。在随后的半年时间里又出现了两名求婚者，西多斯从这几个人当中选择了最帅的劳恩·费奇。至此，西多斯正式走出了阴影，开始了全新的生活。

事后，荣格对女儿格莱特说："很多人都认为西多斯从极度的悲伤中恢复过来是一件再平常不过的事情，但是我要告诉你的是，事情绝对没有想象中的得那么简单，如果她继续待在家里的话，她很有可能会自杀身亡。"可以说，在引导西多斯这一事情上，荣格认为正是自己恰到好处地运用了心灵层次分析手段才找出了病根，最终成功地帮助患者走出了阴影。

首先，失恋给人带来了痛苦，那么伤害的源头到底是来自何方呢？荣格指出，在很多人看来，抛弃了西多斯的马坎是导致整个事件的罪魁祸首，但是事实上，西多斯本人才是将自己拉进旋涡不能自拔的人。

荣格解释说："每一个人都有着浓厚的自恋情结，由于他们对自己的认同和赞美而拒绝任何亵渎。对于很多人来说，他们的自恋都停留在自己的个人潜意识当中，别人很少看见，同时这个人自己也很少表现出来。但是在某些特定的时刻，这种心理就会表现出来，并且左右一个人的言行，甚至决定这个人的命运。"

具体到西多斯身上，她原本就是一个自我感觉非常棒的女子，不但人长得高挑、漂亮，而且对人也十分友善。在马坎最为落魄的时候，正是她出手相助，才让这个漂泊异地的外国男子有了立足之地。正因为如此，西多斯认为自己为帮助对方已经付出了太多，她赢得对方的忠心也是理所当然的。但是事实却恰好相反，马坎最终回到了自己的国家，抛弃了西多斯。

事实上，这种背叛对西多斯本人来说是致命的，她在自己的潜意识中一直对自己非常认可，但是当有人否定了她的魅力的时候，这种美梦也就随之破碎了。可以说，马坎的出走是造成西多斯痛苦、颓废的直接原因，但是如果要指出问题的根源，那么就只能是西多斯本人在潜意识中对自己的认识了。

当然，西多斯能够主动找到荣格，并且请他帮助自己走出困境，这也从一定程度上说明了西多斯并不像她自己以为的"爱得死去活来"。在她的潜意识中，自己才是最重要的。也正因为如此，荣格才确定西多斯还是"有救的"。

另外，个人意识是帮助西多斯重新找回自我的重要推动力。在荣格的建议下，西多斯将自己稍微打扮一番，并且去了洛桑旅游。事实证明，这一次展示自我的经历让很多人都认识到了西多斯。出众的外貌和淡淡的忧伤无意之间让西多斯俘获了很多男人的欢心，结果在接下来的半年时间里，先后有3名男子不远万里千方百计地寻访西多斯的家乡，并且向她求婚。

其实，这是一个非常有趣的过程。在此期间，西多斯也重新评估了自己的魅力。很显然，3名千里迢迢而来的男子让西多斯意识到，自己其实是一个非常惹人喜爱的好姑娘，这种认识成功地修复了马坎离开对她所造成的伤害。如果说从前马坎抛下女友只身从军让西多斯在潜意识层面遭受了巨大的伤痛，那么现在来自他人的追捧就是西多斯从个人意识上重拾自信、平复伤痛的重要原因。

最后，去一个大城市旅游同样也是荣格治疗患者的手段之一。不过，这一次他是从集体潜意识方面入手的。荣格认识到，西多斯是一名常年居住在小村庄的女孩子。在他看来，人类对繁华的陌生城市有一种与生俱来的畏惧。换句话说，他认为西多斯在到一个繁华的大都市之后会不自觉地压抑自己心中的痛苦，转而臣服在大都市热闹的气氛之下。

对此，荣格的解释是："就好比你和爱人因为琐事发生了争吵，结果第二天就发生了战争，敌军已经兵临城下，所有人都需要逃亡，这个时候你们还会吵架吗？"在荣格看来，诸如战乱、领袖、陌生的环境等都会让一个人产生"敬畏之情"，而当这种"敬畏"占据上风之后，一个人原本的情感也就退居其次了。

可以看出，像陌生的环境、领袖等都是远远高于一个人控制之外的事物，在这些意象面前，所有人都会不自觉地收敛起自己的锋芒。崇拜强者，这本身就是人类在千百年历史当中遗留下来的潜意识，荣格很好地利用了这一点。试想一下，如果当时西多斯和自己的家人去了一个古朴、落后的小村庄，那么她继续沉迷在自己的悲惨境遇中的可能性也就非常大了。

3. 集体无意识的魔咒：为什么有人躺着也中枪

有时候，人们总是会做出一些当时看来是合情合理，事后却觉得匪夷所思的事情，而且一些原本和自己无冤无仇的人都会成为"受灾目标"。对于这一种现象，荣格的女儿格莱特做过不少研究。在她看来，人类在一些特定的时刻会受到集体无意识的支配，而在此期间一部分人受到伤害也就在所难免了。

1953 年，格莱特创办了一个精神培训班，参与者一共有 50 人。这次培训需要持续一周的时间，所以为了保证会场的整洁，格莱特专门聘请了一位名叫苏珊·茱顿的小保姆来为大家打扫卫生。

茱顿不太爱说话，每一次都是等大家走了之后才默默地出来清理现场，她的腿有点儿问题——走路的时候一拐一拐的。由于过于低调，很多人都没有意识到她的存在。

为期一周的培训很快就过去了，格莱特把所有人都聚集在一起，向他们做出了最后两个互动请求。其中第一个是：请所有人都找一个自己最喜欢的人，然后站在这个人身边。

这个要求很简单，经过一周时间的相互交流，大家要指认自己最欣赏的

伙伴是非常容易的事情。很快，所有人都找好了自己的位子，对于参与者的积极性，格莱特表示非常满意，不过她又说出了另外一个互动请求："现在请每一个人都选择一个自己最不喜欢的伙伴，然后站在他的身边。记住，本次活动不允许弃权，所有人都必须参与进来，只要跟着自己的思路走就好。"

这个问题让大家非常犹豫，即便是那些特立独行的家伙也迟疑了起来，格莱特鼓励大家说："要学会精神分析，这是必经之路，正确认识自己，不要回避。"经过短暂的迟疑之后，所有人都站到了莱顿的身后。

格莱特很清楚地看到了这一幕——大家都不约而同地聚集在了莱顿身边，这实在是出乎意料，却又是情理之中的。事后，一位名叫道格·莱恩的人向格莱特道出了自己的困惑，他声称自己从来都没有想过憎恶那个为大家服务的清洁工："我想知道这到底是怎么回事，我觉得大家伤害到了一个无辜的人，事情原本不是这样的，我根本就不讨厌她，但是自己为什么会这样做却又无从得知呢？"

实际上，并不是只有莱恩一个人发现了问题，还有很多人都有类似的疑惑，而格莱特则将其归结为集体无意识的作用。

（1）人类记忆中的"弱肉强食"

在人类发展演进的历史过程中，"强者为尊"的思想已经深深地扎根在了每一个人的潜意识中。这种理念就体现为人们对王者的屈服、对弱者的忽视。格莱特解释说："在这一次活动中，莱顿实际上是处于一种被忽视的地位的，她的清洁工身份以及没有'资格'参与本次活动的现状，就是大家鄙夷她的重要原因。"

事实也确实如此，由于过去千百年的积累，社会对服务人员的定位一直都是比较低的。因此，自从茱顿开始为大家清扫会场，大家对她的否定也就开始了。可以说，关于社会角色和社会地位之间的话题已经在人类潜意识当中有了相对清晰的定位，所以在这个时候所有人保持了行动上的一致性——站到了茱顿身后。

（2）排外心理让无辜者受伤

所有人将茱顿选为自己"不喜欢的对象"，这也是一种排外心理的表现。格莱特说："人类都有一种保持种族单一性的渴望，这就是最原始的排外心理。随着社会的发展，排斥、抵触外来因素的表现形式有了各种新的变化，现在茱顿受到伤害，显然也是出于同样的理由。"

在其他人看来，和交往了一周的伙伴们相比，茱顿和自己的关系是疏远的。所以在这个时候，他们会受到排外心理的引导，将茱顿选为"最不受欢迎的人"。

（3）集体无意识下的"人格面具"

在与别人交往时，很多人往往会戴上"人格面具"，以此来赢得其他人的好感。就像莱恩所说的那样，没有人真的憎恶茱顿，他们也有自己非常讨厌的人，但问题是谁会将这个问题指出来呢？在众人的潜意识当中，所有人都不自觉地将这一种情感伪装了起来。格莱特解释说，所谓的"人格面具"或许并没有什么恶意，而是人们长久以来早已经在潜意识当中形成了趋利避害的法则。

（4）从众效应带来的"罪与罚"

对于参与这次活动的大多数人来说，他们选择站在莱恩身后实际上就是一种从众心理。在他们看来，这本身就是一件非常出格的事情，所以一旦有人带头做出了选择，那么他们也会"跟风"。

"人是群体动物，"格莱特说，"当出现一些难以做出抉择、未来不确定的局面时，人们的群体性心理就会被激发出来，然后臣服在多数人的观点之下。"

　　可以看到，很多从前根本没有注意到莱恩的人都不约而同地做出了和众人保持一致的选择。这也从一个侧面说明了，有些看上去很公平的集体投票实际上并不能真实地反映出一个人的内心世界。

　　因此，当所有人都散去之后，格莱特专门和茱顿进行了交流，并且告诉她说："对于之前发生的一切事情，你不用太过在意，换作其他任何人，结果都是一样的。"

　　茱顿没有说话，只是默默地点了点头。看得出来，她受到了极为沉重的打击。对于这件事情，格莱特自己也非常抱歉，但是作为研究者的心态减轻了她的负罪感，当看到茱顿并没有什么过激的反应之后，她就向对方告别了。

　　几年之后，格莱特再一次见到了茱顿，这个时候她已经结婚了，不过看得出来她过得并不好。对于这件事，格莱特一直深表歉意，她在和朋友的谈话当中曾这样说过："或许我真的不应该这样做，只要在试验之前将结论告诉她，事情也就不会变得如此糟糕，她的生活或者可以更精彩一些。"

　　无论如何，现在说什么都于事无补了。其实，现实生活中类似茱顿的事情还有很多，不少所谓的局外人都成了被攻击、被压制的对象。而通过茱顿的例子，格莱特也总结出了自己的观点："在某些特定情况下发生的有针对性的打击实际上并无恶意，或者说攻击一方在主观上没有伤害对方的意图，如果我们将受害者替换为另外一个人，那么结果依然是一样的。"

4. 邻家男孩如何化身为"午夜食人魔"

巴台农神庙的巨石柱上刻着先贤苏格拉底的醒世箴言："认识你自己。"很多人对这一句话非常不解，因为它看起来实在是太"普通"了——大家都知道的问题，为什么还能够成为流传百世的名言呢？对于这一种观点，荣格是持反对意见的。在他看来，人之所以痛苦，就是因为无法正确认识自己，而一旦自我认知受阻，这个人的世界观就会扭曲甚至变异，做出很多令人匪夷所思的事情。

1929 年 12 月的一天，一名叫德胡安·利维坦的男子在美国加州南部被捕，他因为身负 3 起命案而受到指控。对于警方的指证，利维坦痛快地坦白了自己所有的罪行，但是当人们想要定他的罪时，这个人却大声抗议起来。因为在利维坦看来，有魔鬼控制了他的灵魂，所以他只是一个替死鬼而已。

"我恳请你们再给我一次机会，"利维坦信誓旦旦地说，"我曾经遇见过魔鬼，它控制了我的灵魂……"

对于这样的话语，很多人都嗤之以鼻，大家认为这只不过是罪犯为了帮助自己开脱罪责而编造出来的谎言罢了。但是随着时间的推移，所有人都开始意识到利维坦或许说的是"真话"，因为他是一名精神错乱的臆想狂，现在正饱受着精神疾病的困扰。

奇怪的是，在亲友的眼中，利维坦从小品行端正、温和善良，而不知为何在高中毕业之后突然性情大变，最终在 30 岁的时候变成了杀人恶魔。由于作案手段残忍，而且受害者都是与世无争的修女，所以利维坦也成了各大媒体关注的焦点，所有人都争相报道利维坦的"丰功伟绩"，并且将他过去几

十年的人生经历也全部挖掘了出来。

1899 年，利维坦出生在德国经济重镇斯图加特，他在这里度过了完美的童年。一直到 15 岁之前，利维坦的人生都很顺利，他生活在自己的王国中，老师和同学对他都很好。但是世界大战的到来摧毁了这一切，利维坦的父亲在战乱中丧生，他不得不和母亲一起移居到了美国。来到美国之后，利维坦很快就迷失了自我，虽然此时他一直努力想让自己的生活回到从前的状态，但是这一切都只是徒劳。战争结束后，作为德国移民，利维坦经常受到他人的轻视，虽然他努力想让自己和同学们打成一片，但是那些孩子却根本不想让利维坦加入自己的阵营。

经历了多次打击之后，利维坦彻底迷失了自我——他开始吸毒、酗酒，一下子从品学兼优的优等生变成了年级倒数第一的差等生。按照这样的成绩，连一些私立大学都不愿意录取利维坦，再加上德国移民的背景，利维坦也不可能参军入伍，或者是在政府部门谋得一席之地。毕业后的利维坦一下子失去了全部动力，他整天胡思乱想，做一些非常出格的举动。在他 20 岁那年，他认为自己从父亲那里继承了经商的才华，于是凑了一笔钱到南美采购宝石。事实证明，一个刚刚从学校走出来的年轻人是不适合做这种"大生意"的，利维坦的宝石生意一败涂地，借来的本钱也全部打了水漂。

经商失败后的利维坦又一次沉沦了下去，他爱幻想、不切实际的心理再一次占据了上风。1925 年，这个浑浑噩噩的年轻人又去了印度麦加朝圣，回来之后进行过很长一段时间的斋戒，并且声称自己是在和真主"面对面"。此时的利维坦已经彻底认不清自己了，他和信奉基督耶稣的母亲发生了激烈的争吵，在谁也无法说服谁的情况下，利维坦心中对母亲的依恋表现了出来，于是他放弃了对安拉的信仰，转而尊崇上帝。

终于，在这种错乱的精神状态之下利维坦异化成了一个杀人恶魔，他开始昼伏夜出，专门潜伏在修道院附近攻击走夜路的修女。在半个月时间里，一连有 3 名女孩被他残忍地杀害。

随后，利维坦的案子也传到了瑞士，很多人都将这个年轻人的堕落归罪于教育制度的残缺。也就是说，正是由于不完善的教育体系没有尽到应有的责任，才致使这样一个品学兼优的好孩子逐渐变成了杀人狂魔。但是在荣格看来，利维坦之所以会由天使转化为魔鬼，很大程度上取决于他自身。对利维坦本人来说，对自己模糊不清的个人认知是导致他诸事不顺的罪魁祸首。

首先，在童年阶段利维坦对自己的认知是与现实状况相匹配的，而这也成了他生命中最愉快的一个阶段。荣格解释说："在家乡生活的这一段时光中，利维坦对自己的未来和现状都有着一个非常清晰的认识，虽然有些时候看上去非常不切实际，但是可以看到那些幻想都是无伤大雅的，主人公根本不会产生真正将它们付诸行动的冲动。"

在人生最初的一段时光中，利维坦将自己看作是父母的心肝宝贝，并且认定自己只要努力学习就一定能够成功。因此，在人生的起步阶段，利维坦过得非常顺利，几乎没有什么烦恼。

其次，在利维坦移民到美国之后一直到 1929 年的这十多年中，他原本对自我清晰的认识开始变得模糊起来。虽然利维坦不断地做出自我调整，并且千方百计地想要"找回原来的那个自我"，但是很显然他失败了。

没有升入大学的利维坦对自己的认知产生了怀疑，现实中的残酷打击让他荒废了两年时间。经过两年时间的观察和自我反思，利维坦又从自己身上"发现了优秀商人的血液"，于是他四处借债，凑足本钱后下海经商。

显然，利维坦将自己看作"商人"完全是一个错误的决定。在随后的一段日子里，他又扮演了伊斯兰教徒、孝顺的儿子、基督门徒等等。这一次次模糊不清同时又摇摆不定的自我认知给利维坦的心理带来了极大的困扰，他已经分不清自己到底是"哪一个利维坦"了。这种支离破碎的人生结构压在利维坦头上，就像是一座大山一样，让他喘不过气来。终于，在巨大的压力面前利维坦原本就已经畸形的思维彻底错乱了，从此彻底坠入深渊之中。

最后，到了1929年，利维坦进入了人生当中最为错乱的一个阶段，当时正好赶上美国经济大危机，一夜之间很多人都从百万富翁变成了穷光蛋。虽然利维坦算不上是一个纯正的美国公民，但是他此时却对这个民族"爱"得很深，整个联邦的悲惨境遇，加之个人的不幸，利维坦成了"迷惘的一代"的典型代表。在现实与个人定位双重模糊的状况下，他开始通过毁灭宣泄自己的情绪，并且在幻想中和"魔鬼"签订了协议，走上了一条不归路。

因此，荣格指出，利维坦的悲剧就在于他没能准确地认识到自己的个人价值以及人生意义。在一连串的打击之下，他逐渐迷失了方向。在客居美国的十多年里，维利坦不断地变换着各种角色，他一会儿认为自己是一个怀才不遇的青年，一会儿又将自己看作是精明的商人，到最后还有传教士、魔鬼的仆人等等。所以，荣格总结说："每一个人都应该正确地看待自己，无论是个人能力、专业特长，还是发展方向、人生夙愿等等。在外力因素冲散现实构想的时候，很多人对自己的认识都会产生动摇，这时就需要我们根据现实情况再一次做出准确的判断。"

5. 揭穿隐藏在内心最深处的诡异第六感

一般说来，第六感和一个人的直觉有着很大的相似之处。但是很显然，单纯的"直觉"并不能完全解释这样一个问题。在荣格看来，第六感还必须包含"预兆""洞察力"这些字眼。他认为每个人都有隐藏在内心深处的第六感，它主要是由个人潜意识以及集体潜意识构成的。虽然业内对"第六感""超能力"这样的现象是否真实存在还无法下结论，但是现实生活当中很多关于第六感的现象也让不少专家学者对其刨根儿问底儿。

1857 年，英国贝斯特法尔一位名叫达尼尔·梅丽莎的中年女子在浇灌自家的花园的时候，脑海中突然呈现出了远在百里之外的父亲躺在摇椅上面安然而逝的场景。"看到"父亲去世的梅丽莎大声尖叫起来，直觉告诉她，无人照看的父亲真的出了问题！心急如焚的梅丽莎马上跑到离自己最近的电报房，但是等她刚刚跑到这里的时候，电报员罗文·卡尔特就叫住了她："梅丽莎，你来得正好，这里有你的一封电报……"

听到这样的话之后，梅丽莎像是意识到了什么一样，她立即蹲下身子放声大哭起来。看到这一幕的卡尔特有些不知所措，他赶紧走到梅丽莎身边耐心地安慰对方。

梅丽莎将自己此前"看到"的一幕告诉了卡尔特，并说："我可怜的父亲无人照料，一定是出了什么事情啊！"

事实也确实如此。半个小时之前，梅丽莎的父亲因为突发性脑出血去世了，而且那个过程也和梅丽莎此前预见到的一模一样——老人先是感觉身体不适，于是勉强地坐到摇椅上休息。但是，当他试图再一次起身的时候晕眩的感觉已经让他无力反抗，几分钟之后，老人就躺在摇椅上去世了。由于时值正午，邻居们看见梅丽莎的父亲躺在太阳下暴晒，半天也没动，于是他们上前试图将对方叫醒，不料却发现了这个不幸的消息。

关于梅丽莎"预感"到父亲的死讯的消息传开之后，贝斯特法尔警察还调查了这件案子，因为没有人相信这种诡异的事情。一开始，警方怀疑梅丽莎和父亲的死亡有着不可告人的秘密，认为是她设计杀害了老人。

"我们认为梅丽莎就是凶手，"贝斯特法尔警察长凯瑞·道尔金森曾信誓旦旦地对媒体说，"这个恶毒的女人不想再承担每个月 50 英镑的赡养费，所以设计杀害了自己的父亲，然后造成对方正常死亡的假象。"

对于这一个说法，很多人都不能信服："那么，她是怎么样杀死那个老头的呢？用刀子、棍棒，还是毒药呢？而且每年 600 英镑的赡养费也不是多么难以负担，如果指控梅丽莎杀了人，那么她的作案手法和工具是什么呢？"

道尔金森只好说："她的思维模式不符合正常人的思维，这就是疑点。开动脑筋想一想吧，她怎么可能未卜先知——提前洞察到父亲即将死亡呢？有关证物的事情我们是不能拿给其他人看的，这要等案子破了以后才可以。"

虽然道尔金森的分析看起来不无道理，因为历史上曾有过很多类似的谋杀案，凶手通过使用一些化学药品慢慢地破坏受害人的生理系统，最后导致其死亡。但是，经过查证之后，警方却得出了这样的结论：梅丽莎是清白的。

其实，这件案子在当时引起了不小的轰动，警方"掘地三尺"也没有找到任何可以证明梅丽莎是杀人凶手的证据。同时，法医鉴定也一次又一次地表示梅丽莎的父亲确实是正常死亡——没有中毒，没有药物麻醉，没有精神疾病……这个时候，精神分析学大师们也不断地为梅丽莎摇旗呐喊。其中，以荣格的"第六感"最为震撼。

1910年，荣格在一次论证自己的观点的时候举出了这个半个世纪之前发生的案例。在他看来，第六感是存在的，而且这种存在于人的潜意识以及集体潜意识当中的诡异现象会在很多时候对一个人的言行起到引导和支配作用。

通常定义下的第六感，指的是除去视觉、听觉、味觉、嗅觉，以及触觉之外的"心觉"，它通常表现为预见性和洞察力。这种感觉常常能够将一个人拉出困境，甚至让人死里逃生。在这里，荣格解释说："比如有一个人，他在向前走的时候突然意识到了什么，然后停了一步。结果事实证明，如果他继续向前走一步的话就会被高空坠物砸死，这就是第六感的神奇之处。"

当然，这个例子似乎还是不足以阐明问题，于是荣格随后举出了"人为什么怕蛇"的例子。他指出，人们对蛇的恐惧是"个人潜意识和集体潜意识共同作用下的产物"。荣格说："人类的祖先在处于原始状态的时候就和蛇展开了争斗，蛇凶狠、狡猾的印象深深地刻在了他们的脑海之中，并且遗传给了后代，这就是集体潜意识。与此同时，如果一个人在幼儿时代被蛇咬伤，或者受到了蛇的威胁，那么这件事同样也会给他的记忆遗留下挥之不去的阴影，这就是个人潜意识。在两种作用力的相互交叉感染下，很多人一提到蛇就会吓得浑身发软。这种预见性的抽搐就是第六感的生成物。"

荣格认为，梅丽莎能够预见父亲的死亡，这同样是第六感在作祟。他分别从个人潜意识和集体潜意识两个方面论述了这个问题。

首先，梅丽莎的父亲身体比较孱弱，在梅丽莎很小的时候，她就常常看见父亲要吃完药之后才能去上班。这个印象一直残存在梅丽莎的脑海中，她甚至已经在潜意识中形成了"爸爸身体很弱"的直觉。这实际上是一种童年记忆造成的个人潜意识，它不断地提醒着梅丽莎"爸爸身体虚弱，不能过度劳累"等等。

其次，西格蒙德·弗洛伊德曾经提出了"恋母情结"，而与之相对应的则是"恋父情结"。对女性来说，她们在对性别有了区分能力之后就会因为在小便的时候低于男孩一等而感到自卑、愤怒。这种压抑的情感很容易就会转移到母亲身上，因为在她们的潜意识中，这种不公平的现状正是由于生育自己的母亲造成的。而这个时候小女孩们又会发现自己憎恶、讨厌的母亲受到父亲无微不至的关爱，这种因为受到"不公正待遇"的怒火就会越发强烈，最后演化成"恋父情结"。因此，在精神分析流派的学者眼中，女性对生父的依恋是经过上千年积淀下来、印刻在人们脑海中的共同属性，这也就是"集体潜意识"。有了双方之间的共同作用力之后，女性和父亲之间的关系也就变得非常微妙了。具体体现就是，在面对父亲的时候，女孩子们会显得非常细心、关爱。

所以，荣格总结说："梅丽莎能够'预见性地看到'父亲躺在座椅上一动也不动的景象，这实际上是千百年来女性集体潜意识的产物，再加上在梅丽莎本人的印象中父亲总是吃药打针的事实，造成这种情况的可能性是非常大的。"

在荣格看来，每一位女性在自己的潜意识中都有想要独自占有父亲的愿望，这是一种残留在她们记忆深处的共性。而在梅丽莎的潜意识当中，她也非常渴望对父亲进行无微不至的关怀，甚至希望对方通得一场大病来验证自己的真心。这一种密切的联系让梅丽莎对父亲的存在感变得异常敏感。因此，在个人潜意识的推动下，当父亲离开人世、从梅丽莎的生命中彻底消失的时候，梅丽莎感到自己像是被抽空了一般，并且在自己的脑海中浮现出了父亲病逝的场景。

当然，关于第六感的研究也有人试图从生理的角度来解释这个问题，比如电磁感应等等。但是，就目前的情况来看，第六感更多地还是存在于精神层面的。

6. 个人潜意识和集体潜意识的碰撞：当狼孩重归人类社会

关于个人潜意识和集体潜意识之间的区分点，荣格给出了这样一个答案："个人潜意识更多的是人类在幼儿期经过后天培育得来的，而集体潜意识则是在一个人出生之前就已经形成的。"为了阐明自己的观点，他提出了轰动一时的"狼孩"作为例证。

1920年，印度加尔各答东北部一个名为米德纳波尔的小镇上发生了一件大事：人们在狼窝里发现了小孩！在此前很长一段时间里，小镇上的居民都声称"附近有'流浪儿童'出没"，结果当他们找到这两个所谓的"流浪儿童"之后却惊讶地发现，这两个孩子原来是和狼住在一起的！居民打死了3只大狼，然后将这两个整日跟在狼群屁股后面的小女孩带回了孤儿院。大一点儿的孩子看模样应该有七八岁，人们叫她卡玛拉；小一点儿的似乎只有两岁，人们给她起名为阿玛拉。一年之后，阿玛拉死去了，而卡玛拉只活到了1929年，她死的时候智商只有三四岁幼儿的水平。

在卡玛拉被送到孤儿院之后，人们通过各种方式来引导、教育她。但是9

年时间过去了，这个孩子只学会了不足 50 个简单的词语，学会了直立行走、用手抓取食物等，但她混乱、破碎的语言思维模式是无法和外界发生有效沟通的。所以，一直到死亡那一天卡玛拉也没有真正地融入到人类社会中。

20 世纪 20 年代是人类发现狼孩的"全盛时期"。这个时候，不断有关于狼孩的发现诉诸报端。荣格自然也听到了关于卡玛拉的事情，不过当他想要一探究竟的时候，对方已经不在人世了。对研究者来说，他们最大的困惑就在于已知的狼孩大多在重归人类社会之后没过多久就死去了，就算其中有一些"长寿"的狼孩存在，但是他们和外界的交流也是十分有限的。根据相关资料记载，这些孩子都显示出"狼"的一面：他们不会使用工具，用四肢走路，并且还怕光怕水。

根据已有资料荣格也整理出了狼孩身上映射出来的"个人潜意识"和"社会潜意识"之间的区别。

首先就是关于卡玛拉的"个人潜意识"。在荣格看来，由于长期生活在狼窝中，卡玛拉的个人潜意识已经完全和狼等同了。她虽然长着人的模样，却总是按照狼的思维模式来认知、判断世界。在被带回孤儿院之后，卡玛拉一直都是将食物放在地上，然后俯下身子用嘴直接进食。此时，在她的潜意识中自己就是一只狼，像哺育自己的"父母"那样茹毛饮血、昼伏夜出，然后还要用四肢着地，在月圆之夜衔枚疾走，追杀猎物。

显然，这种背离人类习惯的做法是后天形成的。而正是卡玛拉将自己看作狼群中的一员的潜意识驱使她不断做出类似的举动。

接下来，从卡玛拉身上反映出来的"集体潜意识"才是荣格探讨的重点。他认为，在远离人类社会的狼孩身上依然残存着先祖记忆的印记，而这正是她在大脑发育已经基本定型之后依然能够通过引导和人类社会发生部分联系的根本原因。

科学研究证明，人脑在幼儿时期的发育是非常关键的，普通人在4岁的时候智力水平就基本定型了。新生儿的大脑重量平均为390克，成人的平均脑重量则是1400克，而7岁孩童的平均脑重量就达到了1280克。这说明，当年约8岁的卡玛拉在被带进孤儿院的时候，她已经错过了大脑发育的黄金时期，甚至可以说发育已经停止了。对卡玛拉而言，她对整个世界的认知程度已经差不多接近了极限，没有多少可挖掘的空间了。

但即便是在大脑发育停止、认知能力已经成型的情况下，卡玛拉依然"学会了"很多人类社会中才会有的技能。在这里，荣格举例说："我们看到，卡玛拉花费了6年时间终于学会了直立行走。虽然在慌张的时候她依然会选择四肢并用，但是请注意，早在几年前卡玛拉的大脑发育就已经停止了，在这个时候让一个人放弃自己固有的行为模式，转而采取另外一种生活习性，这几乎就是'不可能'的事情，但是卡玛拉做到了。"

在荣格看来，卡玛拉之所以能够学会一些"人"的习惯，是因为印刻在她脑海深处的"先祖记忆"起到了作用。在孤儿院生活的9年时间里，卡玛拉还学会了将近50个简单的词语，并且已经愿意在床上安睡了。不幸的是，她并没有活太长时间就离开了人世，很多人对此表示惋惜。他们认为，既然这个狼孩能够逐渐接受人类文明，那么假以时日她一定能够彻底回归社会，并且将自己独一无二的传奇经历讲述出来。但是，荣格却不这样认为，他指出："卡玛拉之所以能够领悟到一部分人类文明与她本身的学习能力以及大脑潜能无关，这是千百年来人类集体潜意识的生成物。我们看到，很多家养动物

荣格心理术

和主人生活了一辈子，到头来依然没有蜕去动物的本能，如直立行走、使用工具、说话等等。卡玛拉在被带回人类社会之后，她的状况实际上和野兽是没有区别的，但是最终却学会了直立行走和简单的词汇等等。"

因此，荣格指出，集体潜意识是根植于每一个人的记忆深处的。完全和狼"融为一体"的卡玛拉能够学会一部分人类才拥有的技能，这就从根本上证明了，经过千万年积淀下来的集体潜意识是能够帮助一个人体现出"人性"这一面的。

这样，通过狼孩卡玛拉的例子荣格向大家证明了潜意识是真实存在的。而且，个人潜意识更多的指的是人在幼儿时期对眼前世界的认知和领悟，这种心理是经历了后天改造的。具体到卡玛拉身上，她从一开始就被野狼喂养长大，因此在她的潜意识中，自己就是一只四肢着地的狼。当人们试图将她带回孤儿院的时候，卡玛拉曾经多次尝试逃脱，希望回到原来的生活中去。而集体潜意识则是从一个历史的角度来阐明的，用荣格之女格莱特的话来说就是"人类群体区别于其他种族，同时又对内表现出一致性的精神特征"。对卡玛拉而言，正是这些潜藏在她内心深处、与生俱来的精神属性让她有了一种接受人类社会、愿意被改造的冲动，而这一点在其他生物身上是绝对无法看到的。

7. 是什么让弗洛伊德的信永远也寄不出去

对于很多人来说，他们做出的每一个决定都是经过缜密思考的。也就是说，这些决定都受到了个人意识的支配。但是西格蒙德·弗洛伊德认为，人类的行

Chapter 1　心灵上的疾病才是依附在命运上的魔咒
——荣格的心灵层次分析术

为还应该受到个人潜意识的影响，如果是在做一些"并非心甘情愿"的事情时，一定要注意仔细确认、核实。稍有不慎潜意识就会偷偷地溜出来，把整个事情搞砸。

1931 年，弗洛伊德的家中来了一个名为拉齐尔·普尼奇奥的意大利人，他自称是一个为了自我锤炼而周游世界的人。同样，普尼奇奥对心理学方面也有着自己独特的见解，于是在这一天，两人讨论了一些关于精神分析的理论。

在普尼奇奥看来，自己或许是一个非常有理想、有志气的探索者，他过着苦行僧一般的生活，为了真理背井离乡，吃尽苦头。他的这种精神是非常难得的，那么他得出的成果想必也定会十分惊人。但是经过一番了解之后，弗洛伊德认为对方并不是一个旷世奇才，甚至连一个三流的思想家都算不上，他的观点总是主观臆断，缺乏理论支撑。但是在两人面谈的时候，弗洛伊德没有把这种想法告诉对方，后来普尼奇奥回到家后写了一封信感谢大师对自己的指导，这时弗洛伊德才在回信中将自己的看法说了出来。

在这封回信中，弗洛伊德表达了这样一个意思：普尼奇奥并不适合做一名心理学家，他的理论大多都是他的主观看法，缺乏理论依据。

"亲爱的普尼奇奥，在你走后我仔细地揣摩了当天我们一起探讨过的问题，但是我认为您的那些理论都是站不住脚的，"弗洛伊德在信中这样写道，"我觉得作为一个年轻人，你的语言天赋远远胜过其他才华，那么，你为什么不向着这条道路发展呢？"

显然，在弗洛伊德看来，普尼奇奥在回家之后兴致勃勃地来信询问自己的理论是否"足够惊人"，这本身就是一种自信心膨胀的表现。而如果此时直接否定对方会给他带来巨大的打击，但是出于一番好意，弗洛伊德还是将这封信投递了出去。

然而，几个月之后这封信被退了回来，原因是"地址错误"。弗洛伊德对照了一下原来的地址，重新填写了一个信封，便急匆匆地投递了出去。但是一周之后，这封信又被退了回来，原因是信封上面没有贴邮票。

这种马马虎虎的做法让弗洛伊德自己也觉得有点儿说不过去了，他马上在信封上面贴好邮票，准备送出去。但是，正好这个时候几名犹太人代表找到了弗洛伊德，和他商议眼前愈演愈烈的"排犹现象"。于是，弗洛伊德又将信放进了抽屉里面，转而将精力投到了其他地方。就这样，弗洛伊德逐渐将回信的事情给忘掉了，一直到后来他带领家人逃离奥地利时这封信都没有寄出去。

随后，在和朋友谈起这件事的时候，弗洛伊德对那封没有寄出去的信表示了遗憾，但是他同时也指出，这正是一个人的潜意识在作祟。

"在写完这封信之后，我并不十分热衷于将它寄出去，"弗洛伊德说道，"每个人都不想做坏人，我同样也不希望看着一个有志气的年轻人在自己不擅长的领域浪费时间。所以，我有些矛盾，当理智告诉我应当将这封信寄出去的时候，潜意识却拉住了我的手，告诉我不要这样做。"

实际上，还有一点是弗洛伊德不愿意透露的，那就是当时欧洲的"排犹现象"非常严重，其中尤其以德国纳粹的态度最为强硬。正因为如此，弗洛伊德同样也不希望开罪于德国的坚定的盟友意大利人。这样看来，弗洛伊德在同普尼奇奥的交往中是非常矛盾的。如果按照一个人的本能来说，保持静止状态，不将信寄出去或许是一个好办法，但是从其他方面而言，弗洛伊德还是选择了将这封信投递出去。

通过这件事，弗洛伊德也向所有人阐释了潜意识是真实存在的。如果在某些时候你说出了"言不由衷"的话，千万不要觉得奇怪，因为这种所谓的"脱口而出"才是一个人内心的真实想法。同时，弗洛伊德也告诫自己的追随者说，有很多潜意识都是非理性的，在面对重大抉择时，一定要三思而后行，多次核对，以免让自己陷入尴尬的局面。

那么，在潜意识"抢班夺权"时，我们应当如何区分、掩盖呢？

（1）在做出决策之前，自我诊断非常重要。弗洛伊德指出，在面对重大决策的时候，我们不妨先静下心来，看看自己是不是真的认可这个做法，在下决定的时候有没有怀疑，有没有否定？如此等等。或许弗洛伊德在同普尼奇奥的交往中看不出来，但是换作一些生死时刻，稍不留神就会给自己带来大麻烦。

1976 年，一名叫安达·霍特赛斯的美国警察在接到一个报警电话后没有迅速出警，而是打了一个电话向上级请求批示。正是这个多余的电话白白耗去了 90 秒时间，结果在霍特赛斯赶到现场的时候，犯罪分子正好发动引擎，驾车逃走了。

从表面上看，霍特赛斯或许没有犯任何错误，只不过是犯罪分子太过走运，他能够在电光火石之间先人一步发动汽车，从而逃离现场。但实际上，霍特赛斯对报案者的名字是带有厌恶情绪的，这名叫古登的男子和霍特赛斯前的情敌同名。因此，在霍特赛斯的潜意识中，他是不愿意帮助受害人的。正是出于这种心理，致使这名警察鬼使神差地多打了一个电话，最后间接地放走了罪犯。

对弗洛伊德和霍特赛斯来说，他们在做出决定的时候都受到了自身潜意识的影响，最后使得他们的行动和思维发生了偏离，没能达成自己的目标。所以，在做决定的关键时刻我们需要对自己的举动做出自我诊断，不要被偏离了的潜意识控制。

（2）重点关注容易影响自己的行为的事物，采用重复式练习来让自己走出困境。上面所说的"自我诊断"更多是指人们在做出决定的时候需要通过反复的判断来确定自己是否"真的做出了理智的决策"。那么，在日常生活中应当如何行动，减少自己出错的概率呢？

弗洛伊德认为，在这个时候，我们就需要留意那些容易对自己产生干扰的事物。比如霍特赛斯警官，他需要将自己多次暴露在"古登"这个名字的下面。这样的次数多了，他自然就会对类似的名字产生麻木的感觉，直到最后彻底淡化这种情感。

因此，精神分析流派的专家指出，在很多时候，潜意识会让一个人做出与理性思维相悖的做法。在某些特定的时刻，潜意识或许能够帮助一个人脱离困境，但是更多时候它的出现还是会对事情的发展造成一定程度的影响。所以，在日常生活中，我们可以通过反思的方式总结自己在哪些方面存有潜在的冲动。可以说，在正常的人际交往过程中潜意识并不是受欢迎的。

8. 形成在童年时期的潜意识
——欠下 300 多条人命的杀手是怎么形成的

经过对众多事例的分析、思考之后，荣格得出了这样一个结论，那就是一个人的潜意识大多都是在幼儿时期形成的，这一段时间人们对事物的初始印象会对他日后的成长带来巨大的影响。可以说，人们在5岁之后再对某一种事物产生别样情感的情况非常少。

1980年，一场突如其来的大雨疯狂地席卷了整个南美大陆，结果在这场暴雨中一个埋尸场地被冲开了。这个埋尸坑中有不下50具尚未完全腐烂的尸体，一时间哥伦比亚政府都被惊动了，大批全副武装的军警赶到了现场并深入调查此事。

虽然这件案子轰动一时，但是结局却显得波澜不惊——没过多久，这个埋尸坑的制造者便落网。令当地政府汗颜的是，原本那个预想中的"大型犯罪集团"实际上只有一个人，他的名字叫佩德罗·阿隆索·洛佩兹——时年31岁，出生在哥伦比亚托利马村，是一名土生土长的哥伦比亚人。

调查显示，洛佩兹先是在哥伦比亚本土杀害了不下100名年轻女性，随后又"转战"秘鲁，在那里制造了100起凶杀案，再加上他在厄瓜多尔欠下的110桩命案，这个恶魔一共残害了300多条无辜的生命！

这个案子在当时引起了极大的轰动，一方面，舆论媒体谴责哥伦比亚政府对于百姓安全的忽视；另一方面，又极力探究到底是什么让洛佩兹变得如此疯狂呢？可以肯定的是，洛佩兹患有严重的精神疾病，他在认知世界的时候出现了偏差。

在众多分析总结中，荣格之女格莱特的观点是最具说服力的。在她看来，正是由于犯罪嫌疑人悲惨的童年记忆，让他的心理发生了极大的扭曲，结果给他造成了严重的心理疾病，比如恋母、变童，以及病态的性取向等等。

1949年，洛佩兹出生了，他的母亲是一名低级妓女。原本作为靠青春吃饭的卖笑人是不应该生儿育女的，但或许由于洛佩兹的母亲一时冲动，就把这个孩子生了下来。但是没过多久，她便对这个整天要吃要喝的"包袱"厌倦了。如此一来，年幼的洛佩兹就一次又一次地遭到毒打、虐待。

等洛佩兹长大一点儿的时候，他开始有意识地寻找生父。但是显然，他的童年是得不到父爱的。洛佩兹的母亲为了方便自己"做生意"一直都保持着单身，并且在很多时候她还会当着孩子的面儿接待客人，这让洛佩兹过早地接触到了男欢女爱，并且在他的潜意识当中形成了"交合无罪"的观点。

直到洛佩兹的母亲再也无法容忍儿子继续待在家里影响自己的生意时，她便将其赶出了家门。年幼的洛佩兹在深夜里迷失了方向，却被一家"好心人"收养。不幸的是，收养洛佩兹的人同样是一个患有心理疾病的人，他有不算太严重的娈童癖。在随后的日子里，洛佩兹受到了不少侵犯，这也直接影响到了洛佩兹本人。他在杀人的时候也展现出同样的行为特征——在一长串的被害人名单当中，有不少都是8~12岁的小女孩。

在面对警方调查的时候，洛佩兹还喜欢和对方"开玩笑"，他会时不时地放出一些假新闻来欺骗对手，然后看着紧张兮兮的工作人员倾巢而出，赶到某个"埋尸地点"，最后却扑了个空，白忙一场。

掌握了这些资料之后，格莱特对洛佩兹诡异、狂暴的行为也就有了可靠的分析。在她看来，在洛佩兹的潜意识中，我们可以找到非常容易诱发其犯罪行为的苗头。

（1）交合无罪

很难想象，一个人在杀害了300多名无辜的女子之后依然可以镇定自若。

和其他"破罐子破摔"的犯罪分子不同的是，洛佩兹根本就没有负罪感。在他的潜意识当中，自己根本就没有做什么错事，倒是那些拒不配合的女人应该负全部责任。

"罪犯在很小的时候就见过母亲和男客卿卿我我的场面，而这些场景给他留下了极为深刻的印象，"格莱特说，"他认为男女同欢是一件非常正常的事情。"

这样一来，当洛佩兹后来攻击受害人，继而遭到强烈反抗的时候，他就会将所有的罪责全部都推到对方头上，然后杀死那些"狂暴的、不正常"的女人。

（2）病态的恋母情结

虽然洛佩兹一直都不愿意承认这一点，他一直都口口声声说自己"恨透了那个卖笑的女人"，但是格莱特坚定地认为，在缺乏父爱的童年里，母亲一直都是洛佩兹最为依赖的人，他也因而产生了严重的恋母情结。

格莱特认为，洛佩兹的童年并不像人们想象的那么糟糕，母亲冲他发火也只是偶然发生的，更多的时候，这个绝望无助的女人还是会体现出母性的一面。在挣到钱之后，母亲很乐意给洛佩兹买一些吃的或者玩具。所以，在洛佩兹的潜意识中，母爱是非常伟大的，他在害怕母亲的同时又极度依恋、崇拜她。但是，这种骨肉相连的感觉随后被击碎了，母亲的遗弃让洛佩兹感受到了前所未有的恐惧，这种"永远无法得到母爱"的感觉让他永久性地陷入了恋母、渴望得到认可的境地中。

正是由于受到这种心态的控制，洛佩兹对女性角色可以说是"爱恨交加"，而他对受害者的残暴行为实际上也是一种用极端手法将"母亲"完全控制在自己手中的表现。

（3）领养者扮演

可以说，正是由于童年经历了过多的创伤，洛佩兹原本应有的人格才不能形成。最后，留给他的是一种分裂、混乱的病态心理。在被人领养之后，洛佩兹又开始了一种"全新的生活"，由于童年缺乏父爱，所以这个收养他的中年男子在他的潜意识中就扮演了"父亲"的角色。而这种盲目崇拜带来的后果就是，洛佩兹自己也出现了变童的倾向，并且在他的潜意识中自己和养父已经合二为一，更多的时候，他已经分不清自己到底是谁。而且，这种不断侮辱、威胁儿童的做法能够让洛佩兹产生一种"角色扮演"的错觉。通过这种方式，他可以感觉到父亲"永远都和自己在一起"。

实际上，洛佩兹在自我认知方面也出现了错觉——他时而将自己看作是母亲的延伸，时而又将自己看作是"养父的影子"。正是这种混乱、复杂的心态驱使他一次又一次地外出行凶，并且毫无愧疚之情。

随着时间的推移，精神分析越来越多地被运用到刑事侦破、案件追踪领域。很多看上去毫无头绪，甚至不符合常理的案件都可以从心理层次找出突破口。就像洛佩兹那样，他辗转3个国家，刚过而立之年就犯下300多起血案，频繁的杀戮给警方带来了巨大的麻烦，他们一开始甚至以为对方是一个"犯罪集团"。而且，从这些案件当中我们可以看到，凶手在作案时显示出了"无逻辑"特征，他只是按照自己心情的好坏来决定一个人的生死。这样看来，追踪这个人的童年记忆，探知他此前受到的心理创伤，是能够解决绝大部分"疑难问题"的。当然，格莱特也指出，童年记忆对一个人的成长能够产生极大的影响。当然，这并不是说人格塑造完全都是在人的幼儿期完成的，成年之后发生的一些重大变故依然可以在一个人的内心深处留下挥之不去的印记，只不过它们占据的比重相对较少罢了。

9. 虐待自己是自我认知和个人潜意识不匹配的结果吗

在生活中，我们总会遇到看起来比较沉闷的人，这种性格特征极端一点儿就会发展成压抑甚至是自残。总体来说，适当地"教训一下自己"是没有什么大不了的，但是如果类似的心理状况长期处于高压之下得不到缓解的话，就会使情况变得越来越糟糕。在荣格看来，人之所以会产生自虐的冲动，是因为自我认知和个人潜意识发生了冲突。很显然，这种悲观、迷茫的心理状态会让一个人背负极大的压力，而这是需要调整和释放的。在这里，荣格引用了一个发生在阿拉伯地区的故事，以此论证自己的观点。

大约在阿里·本·阿比·塔利卜执政时期，圣城麦加突然传出了一件怪事：有一个名叫马尔鲁夫·齐亚德的少年总是不断地用自己的头撞击门框，就像小鸡啄米一样。而医生看不出齐亚德到底出了什么事，他们一致认为这个孩子根本就没有生病。医生找不出病根，而这个少年又很少说话，所以"魔鬼附身"的观点就流传开来。

当然，这个惊人的消息引起了百姓极大的恐慌——他们在集市中央点起了一堆干柴，并且布置好了祭坛，想要彻底消灭这个"魔鬼"。而谣言的制造者阿卜杜·乌尔德此前和齐亚德一家关系不和，他不断地煽动人们的情绪，试图加速齐亚德的死亡："你把肉体给了魔鬼，是不是这个样子？！"

被绑成一团的齐亚德一句话也不说，只是呆呆地望着眼前那一个地方。这种沉默似乎激起了邻居们的同情，年长的萨利夫·阿扎斯呼吁人们将齐亚德交送官府，而不要因为一些无法解释的现象就杀人。

乌尔德却毫不理会，他极力地想要将眼前这个年轻人推向死亡的境地——在他的奔走呼号下，民众的愤怒再一次被点燃了，大家都要将这个"被魔鬼附身的人"处以极刑。就在危机一触即发的时刻，万民的领袖塔利卜出现了，他下令松绑齐亚德，并且向所有人宣布："你们既然没有任何证据，为什么要杀死这样一个柔弱的少年呢？"

乌尔德回答说："尊敬的塔利卜，如果齐亚德不是被魔鬼附身，那么他又为什么表现出这种怪异、癫狂的状况呢？您现在看到我们要烧死一个魔鬼的种子而感到于心不忍，那么，将来这个妖魔吞噬了您的子民，到那时又当如何定论呢？"

塔利卜没有理会这个问题，而是直接反驳对方说："你说这个孩子被魔鬼控制了，有什么证据可以说明呢？"

"魔鬼掌握了他的灵魂，并且一直都在试图从这副肉身中潜逃出去，"乌尔德说，"万民之主啊，您难道没有看见它命令他一次又一次地撞击头部，进而想要从那里逃出来吗？"

塔利卜又看了一眼奄奄一息的齐亚德，然后对众人说："如果你们当中真的有人成了魔鬼的俘虏，那么毫无办法，只有依靠伟大的安拉拯救了，但是现在一切都还没有成为事实，我就有责任保护每一位子民。"

说完这句话之后，塔利卜将齐亚德带回了自己的宫殿，还专门让人给他找了一栋房屋居住，每天都有12名女仆侍候齐亚德的饮食起居。一连7天过去了，那个原本郁郁寡欢、动不动就将头往门框上撞的少年不见了，取而代之的是一个活泼开朗、聪明睿智的机灵鬼。为了考验齐亚德的才能，塔利卜给他布置了很多任务。结果，这些看上去非常困难的任务在齐亚德眼里根本就不值一提，他成功地化解了危机，这一点让所有人都惊讶不已。

在随后的日子里，塔利卜不断地提拔、重用齐亚德，事实表明齐亚德也是一个栋梁之才。如此一来，关于"魔鬼附身"的流言自然就不攻自破了。

对于"怪杰齐亚德"入宫前后的不同表现，人们感到非常奇怪。因为在此期间这个年轻人既没有吃药，也没有接受诊治，结果却显现出两种截然不同的人生状态。荣格在研究了齐亚德的事情之后也得出了自己的结论，他指出，当一个人对自己的个人认知和本身的潜意识相矛盾时就会出现各种抑郁、沉默，甚至伤害自己的状况。

"经过仔细研究以及事情后来的发展，我发现在齐亚德的潜意识中，他一直都是将自己看作一个'栋梁之才'来对待的，"荣格说，"这种感情是非常隐晦的，或许齐亚德自己也没有意识到这一点，我们不妨从自我认知和个人潜意识两个方面来评判这件事。"

（1）齐亚德的潜意识中的纳西索斯情结

荣格指出，齐亚德出生在一个富裕的家庭中，而且他是家族中唯一一个男孩，所以家人的宠爱和邻居的敬畏在年幼的齐亚德脑海中留下了非常深刻的印象。儿时的记忆对每一个人来说都是非常重要的，过于顺利、安逸的生活，再加上齐亚德本身聪明过人，他逐渐在自己的潜意识当中形成了自己远胜他人的心理。

"一个良好的生活环境对人们的成长是有利的，"荣格说，"但是太过

顺利的童年会让很多人形成过分高估自己的心态。更重要的是，这种过分自信的心理实际上非常隐晦，更多的时候它是潜伏在一个人的潜意识中的。"

按照荣格的解释，事情的原委也就容易理解多了。正是由于良好的生存环境，让齐亚德不知不觉地陷入了对自己的极度迷恋当中。在他看来，自己应该是改造世界的王者，未来的发展和变化应该经过他的引导才会走向正确的一面。

很显然，这是一种过分高估自己的表现。但是齐亚德并没有意识到这一点，他依然按照自己的思维考量世界，结果当他真正面对生活压力的时候，他变得极为消沉，甚至做出了自虐这样的事情。

（2）残酷的自我认知击碎幻想重回地球

具体说来，齐亚德的自我认知也是分为两个不同阶段的。第一个就是和个人潜意识相重合的"我能"阶段，随后才是充斥着自卑心理的"不能"心态。

荣格解释说，自从齐亚德的父亲过世之后，保护齐亚德的"温室"就完全被打破了：他逐渐感受到了人情冷暖，并且不止一次地受到他人的排斥和否定。而在此之前，他是受人尊敬、为所欲为的。可以说，正是连续不断的失败让齐亚德走上了一条自我否定的道路。

虽然齐亚德试图将自己当作一个平凡人来对待，但是残留在他潜意识中的自恋情结却在这个时候不断地提醒、拷问他。这一无比尖锐的矛盾最终让他歇斯底里，甚至通过不断撞击门框来发泄痛苦。

最后，荣格总结说："当一个人开始否定自己，并且发现现实远远超出了他自身的控制时，这个人的潜意识就会驱使他'惩罚'自己的肉体，这就是自虐的基本动因。"对于荣格的观点，我们其实也可以这样理解，每一个人都是自己的人生的设计师，当他发现自己塑造出了一个不完美的作品时就会从潜意识中感到伤心和绝望，最后不自觉地惩罚自己的肉体。然而实际上，在现实生活中每一个人都会遇到各种不如意的状况，但却只有极少数人有"自残"倾向。对此，荣格再一次强调，自虐是自我认知和个人潜意识共同生成的产物，否定自己只是一个方面，而此前在潜意识当中的自我肯定同样也是非常重要的。换句话说，单纯的自负或者是自我否定都不会诱导一个人伤害自己，唯有当这两种因素结合在一起时类似情形发生的概率才是最高的。

10. 是什么让异装癖变成艺术家

有时人们会发现，同样一件事情由不同的人去履行，最后就会得出不同的结果。比如，一个 3 岁大的孩子面对父母不停地撒娇，人们就会夸赞这个孩子活泼可爱；但是如果让一个中年人或者是老人做出类似的举动，旁人就会不约而同地指责这个人"太过幼稚"。对于这一种现象，荣格认为这是千百年来残留在人的脑海中的先祖记忆在作怪。也就是说，正是人类的集体潜意识让大家认为"孩童撒娇"是合乎常理的，而成年人流露出类似的态度则会受到鄙视。

1909 年，一名青年女子孤身一人来到薰衣草之乡普罗旺斯，她自称名叫费马尔·劳伦斯，是一名法意混血儿，巴黎人。按照劳伦斯的表述，她不辞辛苦来到普罗旺斯的目的就是亲手摘取一些薰衣草，然后带回家好好装扮自己。

当地的村民对这位出身高贵，同时又有着充沛精力的年轻姑娘非常欢迎。

不少人邀请劳伦斯到自己家中住宿，而这位高贵的少女腼腆地谢绝了众人的好意："我只需要一个安静的小屋就可以了，大家这样兴师动众反倒让我感到局促不安。"最后，劳伦斯和一位双目失明的老奶奶住在了一起。因此，不少年轻的小伙子都蠢蠢欲动，争着修葺劳伦斯即将下榻的那间茅草屋。

看得出来，很多小伙子都对劳伦斯爱慕有加，他们都趁着休息的时候帮助对方收集薰衣草，一切都非常顺利，在众人的帮助下，劳伦斯很快就采到了足够多的薰衣草，而她在感谢大家时也宣布了次日返乡的决定。没有想到，就是这句话给劳伦斯随后的生活带来了灾难性的结果。

当天夜里，一名叫欧文·库奇尼奇的男子闯入了劳伦斯居住的房间，意欲对其图谋不轨。结果在一旁惊吓得瑟瑟发抖的失明老太太朱利安·缇尼斯在慌乱之中被杂物绊倒，摔破了脑袋，最后不治身亡。在这个过程中，还有一个更为惊人的消息也被发掘了出来——劳伦斯根本就不是什么妙龄女子，"她"是如假包换的男儿身！

第二天，村民们便将当事人关了起来，由于缺乏有效的证据，所以到底谁应当为老妇人的死负责就成了所有人关心的话题。其实，这个案子虽然没有直接物证，但是也不算什么"无头公案"，按照劳伦斯的说法，自己正在睡觉，结果库奇尼奇不请自来，出言挑逗，还试图猥亵自己。出于自救，他和库奇尼奇打斗了起来，结果受到惊吓的缇尼斯在慌乱之中被一只口袋绊倒，最后丧生。而库奇尼奇则说自己准备去缇尼斯家里借一点儿面粉，结果发现劳伦斯正在攻击受害人，并且将其打死。

稍微理性一点儿的人就可以从两人的论述中辨出真假——库奇尼奇说自己是去借面粉的，那么为什么一定要等到晚上10点钟之后才去呢？而且，缇尼斯是一个双目失明的老太太，家里很穷，而库奇尼奇家根本不缺吃喝，显然他的说法是站不住脚的。

但是，最后的结果却让人大跌眼镜——村民们放走了劣迹斑斑的库奇尼奇，反而残暴地处罚了劳伦斯。他们拒绝了对方请警方处理这件事的要求，并且动用当地的私刑将这个外地人痛打一顿，并把他关进了缇尼斯生前居住的小屋子，要他"忏悔自己的罪行"。有迹象显示，村民们对白白囚养这样一个罪犯没有任何兴趣，他们会在一周之后对劳伦斯施以极刑。幸运的是，一位名叫亚奎尔·莱特纳的人趁着夜色放走了劳伦斯，他这样做不是认定劳伦斯无罪，而是因为他本身就是一名拒绝杀生的基督徒。

回到巴黎之后的劳伦斯将这件事透露给了媒体，结果令他意想不到的是，几乎所有的舆论都倒向了库奇尼奇一边，大家都指认劳伦斯才是真正的杀人凶手。面对众人的谩骂和威胁，再加上自己痛苦的经历，劳伦斯终于崩溃了。他被送进了精神病医院，并于半年之后死在了那里。直到1940年，库奇尼奇在弥留之际对着上帝忏悔的时候才将事实的真相说了出来。

因此，这件事一时之间成了众人议论的焦点，而当其他人都在反思舆论的社会功能时，荣格却已经从心理学的角度剖析了这个问题。在他看来，造成劳伦斯个人悲剧的原因正是所谓的"集体潜意识"。

荣格指出："这个案子最引人注意的地方就在于，为什么所有人都相信库奇尼奇的话呢？全国媒体不约而同地攻击劳伦斯，其中又有哪些隐情呢？在这里，我们需要注意的是，劳伦斯此前有过男扮女装的经历，即他是一个异装癖。也正是这一点，激起了民众的愤怒。"

那么，单纯的男扮女装又是如何同集体潜意识联系起来的呢？在这里，

荣格说了这样一段令人回味无穷的话："如果你是女扮男装,那么受到的社会评价就会是不同的,当你被揭穿之后,人们会赞美你'有男儿气概',或者说'巾帼不让须眉'。但是,那些男扮女装的人就会受到严重的歧视,甚至像劳伦斯那样,在众人的唾骂中郁郁而亡。"

按照荣格的解释,人类对雄性的膜拜是带有非常深刻的历史印记的,这就是所谓的先祖记忆。换句话说,在人的精神属性当中本身就暗含着对女性同胞的一种偏见。荣格进一步说:"可以看到,世界上大多数政要、领袖都是由男士担当的,在这里,女性在不知不觉中就被排斥在外了。"

因此荣格认为,自从人类进入父系社会之后,他们对力量、雄性的崇拜就已经开始了。同时,由于女性自身生理上的弱势,使得人们逐渐对这一群体产生了否定的观点。这种理念经过千百年的积淀之后就在人们的脑海中形成了一种抬高父系、贬低母系的集体潜意识。所以,具体到社会现实当中,很多人都不自觉地将女性归为弱势的一类,认为她们是"讨厌的""无能的"。

由此就可以理解劳伦斯受到社会鄙视的原因了。在人们的潜意识中,男性是尊贵的,而现在劳伦斯"自甘堕落",将自己变成一个层次较低的女人,这原本就是一种自轻自贱的做法。如果说普罗旺斯的村民严惩劳伦斯,其中还包含一点儿打击"说谎者"的意味的话,那么到后来他的乡亲们也不断唾弃、谴责他,这就说明了人们本身对男扮女装是存有强烈的偏见的。

从另一个角度来说,女扮男装却又是能够得到社会认可的,这同样也是集体潜意识带来的后果。因为在人们的潜意识中,弱势的女子向男性社会靠拢,这本身就是一种自强不息、追求奋进的表现,是值得推崇的。在这里,荣格说:"就像威名远震的俄罗斯女将娜杰日达·杜罗娃一样,如果不是靠女扮男装混入军旅，她也会和其他小姐妹一样，平平淡淡地终了此生，又怎么能够得到沙皇的国葬呢？"

因此，在集体潜意识当中，人类社会对父系的评价要高于母系，这一点是千百年来人类推进演化的催生物。正是这种根植于每一个人内心深处的精神特质使得大家对无罪的劳伦斯下了重手，致使对方蒙受不白之冤，最终郁郁而终。

11. "三角恋人"——不同的因素搭配催生出不同的潜意识

关于潜意识的触发条件，荣格也给出了两方面的解释。从宏观角度来说，潜意识是"无可阻挡的"，因为它会随着一个人思绪的变化自然而然地流露出来。与此同时，从微观角度来说，潜意识浮出水面，变成"显意识"的过程是受到三方面因素制约的，它们分别是"环境""直接刺激物"以及"当事人的愿望或者不满"。

荣格提出这个理论同样是根据自身经历以及长时间的研究和观察得来的。1914年6月29日，荣格正在房间中读书，这时从窗外走过了一名报童。荣格抬起头朝孩子手中的报纸看了一眼，那上面似乎用特大号的标题写着"斐迪南王储遇刺"的字样。弗兰茨·斐迪南是奥匈帝国的王储，当时他在欧洲也算得上是举足轻重的人物了。因此，在看到"斐迪南王储遇刺"的消息之后，荣格叫住了报童："请你等一下，给我来一份报纸。"

荣格一边说着，一边走出门去，想要买一份报纸。和其他人一样，他也

是先拿过报纸，仔细浏览上面的内容，报纸上写着："1914 年 6 月 28 日，奥匈王储弗兰茨·斐迪南大公在萨拉热窝遇刺，不治身亡……"

荣格一边用右手拿着报纸细细地读着，一边伸出左手去将钱递给报童。但是没有想到，对方却一直没有收下那张 10 法郎的钞票，荣格抖了几次自己的手腕，示意对方找零。这样的情况一直持续了七八秒之后，报童终于开口了："先生，请您先付给我报纸的钱吧。"

这个时候荣格才发现，自己手中攥着的并不是一张 10 法郎的纸币，而是刚才一直在阅读的书本。尴尬的荣格马上从口袋中取出钱来付给报童，结果这个孩子笑着说道："我知道你，你是一个名人！"

听到这样的话之后，荣格越发觉得脸上无光了，他打趣说："哈，那么你说说看，我叫什么名字呢？"

"你就是荣格，对不对？"

"好吧，"荣格笑了笑，对这个可爱的小男孩说，"这件事没有什么大不了的，赶快工作去吧。"

"我要把这件事告诉大家，说你把一本破书当法郎用，"小孩坏坏地笑着说，"除非你多买几张报纸，100 份怎么样？"

荣格忍不住笑了起来，他问这个孩子："要那么多的报纸，我能够用它们做什么呢？"

"你在书房里放一张，客厅里放一张，卫生间里放一张……"报童说，"总之，它们很有用的！"

荣格也来了兴致，他真的买下了报童手里所有的报纸，对方一共带了 59 份报纸，荣格花了 118 个生丁。

报童离开之后，荣格对自己此前的行为稍微反思了一下。这个时候，他才明白过来，其实之前将书本当作钱币的举动并不是最可笑的，而是在此之后，他在不知不觉中和孩子"达成协议"，白白浪费了很多金钱，这一幼稚的行为才是真正值得思考的。荣格仔细思考了一下，他指出了不同的限制因素对于潜意识的诱发意义。

（1）环境对于潜意识的限制作用

在这里，荣格做了一个浅显易懂的解释说明：如果你和一些童年玩伴聚会，或许你会想起童年时代一位比较漂亮的小女孩；如果和高中同学聚会，那么你可能又会想起一位给你留下了深刻印象的高中女生；如果你和同事聚会，那么你又可能会想起一位漂亮的女同事。

所以荣格指出，环境不同，一个人对于自身潜意识的提取也不同。具体到荣格身上，我们看到，在和报童的交谈中，他不知不觉地让自己走上了"极为幼稚"的道路。这种和小孩子达成协议，花钱一下子买来几十份相同的报纸的做法实在让人们难以看出这出自举世闻名的精神分析大师荣格之手。

荣格解释说："正是由于和一个8岁的报童交流，才使我发掘出了自己内心当中向往童真、单纯的潜意识。"

（2）直接刺激物对于潜意识的激发意义

关于"直接刺激物"和潜意识之间的关系，在荣格和报童的这次交流中我们可以看到。他为什么会将一本书当作钱币来支付给报童呢？很显然，在和这个孩子交流之前荣格正在认真地读书，这种行为对他的潜意识有着非常大的刺激作用。当他伸手付账的时候，依然没有从自己的潜意识中走出来，于是结果就出现了后来将书本当作钱币的情况。弗洛伊德在他的"日间印象"

中就曾提到过类似的论断：在现实生活中，人们会遇到各种现象，比如一个曾经走过的酒吧，一首曾经听过的歌曲等等。而这些事物对于激发起一个人脑海中长久沉淀下来的潜意识有着非常重要的意义。可以说，由外界进入人体内部的信息不同，那么这个人心底泛滥起来的潜意识也会有所改变。

（3）当事人的愿望或者不满

对荣格来说，报童的"威胁"实际上和他的愿望是非常贴近的。当对方声称自己想要将荣格的"糗事"公布出去之后，荣格就产生了想要将其掩盖下来的冲动。而当这一冲动和他之前的一些感受相符合的时候，就会诱发种种"下意识"的举动。荣格认为，这种"下意识"就是个人潜意识上浮，变成"显意识"的过程。

因此，荣格总结说，潜意识就像是埋藏在地下的富矿，在受到不同刺激的时候会产生不同的结果。在这里，影响、限制一个人潜意识发挥的因素主要就是3个：环境、直接刺激物，以及当事人的愿望或者不满。对于很多人来说，当以上三大要素以不同的组合出现的时候，他们表现出来的潜意识也是不尽相同的。

12. 魔鬼的万能诅咒：没病也能说出病来

在个人成长过程中，心理暗示同样也会起到非常重要的作用。荣格认为，大多数心理暗示都是来自言语之间的信息传递，尤其是在幼儿时期，即便是一句非常简单的话语也会给孩子留下深刻的印象，甚至带给他灾难性的后果。

1965 年，荷兰大港鹿特丹市的梅斯特·马克斯维尔太太发现自己 3 岁半的孩子范弗兰克患有弱视的症状，于是她带着孩子四处求医，结果经过多方诊疗医生判断说范弗兰克"一切正常"。但问题是，为什么他还是看不清呢？

事实上，医生的诊断是正确的。从生理构造角度来讲，范弗兰克一点儿问题也没有，他有着标准的瞳间距，两只眼珠纯洁得像一汪清泉，但问题是他真的看不见。而且随着时间的推移，范弗兰克还出现了一些其他问题——在他 5 岁的时候，马克思维尔太太发现当大人呼唤他的时候，他们需要用很大的声音才能使范弗兰克做出相应的举动。

儿子的状况让马克斯维尔太太伤透了心，她带儿子到各个医院检查，得到的结果都是一样的，马上就要到上学的年龄了，范弗兰克的病情却越来越严重了。不少人背地里说"寡居的马克斯维尔一定做了什么伤天害理的事情，结果受到了上帝的惩罚"，还有人干脆就将范弗兰克看作是一个魔鬼。

"这个孩子要么是一个怪物，要么就是被魔鬼摄取了灵魂。"人们这样说道。

终于，在范弗兰克 8 岁的时候，马克斯维尔太太的一位远房亲戚来到鹿特丹，得知了这一事件。他是一名精神分析学派的狂热爱好者，在 1961 年荣格去世的时候，他曾不远万里赶去参加了大师的葬礼，他的名字叫阿尼尔·维德西奇。

维德西奇告诉马克斯维尔太太说，范弗兰克一点儿病都没有，只是由于家长教育不当，才出现了这种情况。

"这个世界上根本就没有魔鬼，"维德西奇说，"想想看吧，在孩子 3 岁以前你说过什么过激的话吗？或者是他看见了什么非常可怕的事情？"

　　马克斯维尔太太回想了很久，最后才在对方的引导下说出了问题的关键所在。原来，在范弗兰克刚满3岁的时候他的生父拉里·图雷突然出现了，他在看到儿子之后说出了这样的话："喂，跟我说老实话，这到底是不是我的儿子？他的眼睛也太小了，就像瞎了一样！"

　　具体说来，范弗兰克是马克斯维尔和图雷的私生子，两人在摩擦出爱情的火花之后就生下了这个小男孩。但是，就在范弗兰克还没有出生的时候，图雷就狠心地抛下这对苦命的母子离开了。几年以后，图雷在国外赚了一点儿钱，突然间良心发现回到鹿特丹，并且承诺给马克斯维尔母子一笔可观的抚养费。可是，当图雷看到小眼睛的范弗兰克之后马上暴怒了："这绝对不是我的儿子，你在骗我！这绝对不是！我们两个的眼睛都很大，而他那双浮肿的眼睛简直和癞蛤蟆的一模一样！"

　　"天哪，你在怀疑我吗？"性格软弱的马克斯维尔太太抹着眼泪对范弗兰克说，"宝贝，快叫'爸爸'……"

　　当范弗兰克向前靠近一步的时候，图雷马上就把他踢开了："滚开！我才不愿意给别的男人养儿子呢！"范弗兰克从来都没有受过如此的待遇，他吓得大哭起来，而图雷却根本不理会他，而是继续冲着孩子的妈妈吼道，"我以为你真的苦等了我几年，结果你却背叛了我！"

　　"他真的是我们的孩子，除了眼睛以外，其他地方都很像……"

　　"够了，是我的错。我不该对你抱这么大的期望，"图雷冷静下来说，"如果之前我没有你还在等我的想法，或许我就不会这么痛苦。刚才我许诺给你的钱我会一分不少地付给你，或许你现在根本不缺钱……你有一个有钱的男人，又或者是曾经有……但是我是一个正派人……"

看得出来，图雷已经思维混乱了，他说了很多毫无逻辑的话，最后丢下钱走掉了。自此之后，马克斯维尔太太的脾气也变得古怪了，她时而对儿子特别好，时而痛斥他一番。在这样的情况下，范弗兰克变得越来越胆小懦弱。终于，在半年之后，马克斯维尔太太发现孩子的视力变得非常糟糕，而且还有日益下降的趋势。

　　在随后的几年时间里，马克斯维尔太太带着孩子到处看医生，结果却四处碰壁。接连不断的失败让马克斯维尔太太的性格变得更加古怪——她经常抓住儿子的两只瘦弱的胳膊不停地摇晃，并且大声呵斥对方："你这个没用的瞎子！"

　　到了后来，马克斯维尔太太还会说其他一些"诅咒"，比如，"你的脑袋就是一块木头""你的耳朵、鼻子就是长在脸上的装饰品"等等。在维德西奇看来，正是这种非常可怕的"诅咒"在不断地暗示着范弗兰克，让他在潜意识当中形成了一种自己"视力有问题""听觉也不好"的错觉。最为可怕的是，这种心理暗示真的抑制了儿童视听系统的正常发育，到最后它们虽然在生理构造上毫无问题，但却成了中看不中用的饰品。

　　对于这种现象，维德西奇解释说："日常生活中一些不经意的评价往往会被一个人的潜意识所接受。绝大多数时候，人的理性思维是占据主导地位的，但是相对'情绪化'的潜意识在郁结到一定程度的时候也会反客为主，对一个人的心态产生巨大的影响。"按照这种理论，范弗兰克的视力、听觉出现障碍实际上是一种心理障碍，只要通过恰到好处的引导，就可以顺利地恢复过来。

　　在这里，维德西奇根据精神分析流派的经典理论为范弗兰克设计了一套

行之有效的治疗计划，借此帮助对方早日恢复健康。

（1）大量的正向评价，打开患者的心理郁结

按照荣格的理论，造成暗示性失明的来源有两个：其一是"环境暗示"，其二是"自我暗示"。以当时的情况来看，范弗兰克的心理郁结已经到了非常严重的地步，凭借自身的状态他是很难通过自我疏导的方式来打开心结的。因此，治疗师就需要调整此前过于消极的外部暗示，通过一些正面的评价将对方置换到一个"充满阳光的环境"中。

因此，维德西奇给出的治疗手段非常巧妙，甚至可以说他的治疗就是一种"表演"：每个礼拜马克斯维尔太太都会带着孩子去医生那里做两次检查，然后这名医生就专门负责说一些积极肯定的话语，比如"情况正在好转""这个孩子的眼睛本来就没有什么事"如此之类。在最初的一段时间里，由于范弗兰克的听觉也有问题，他只能从大人的表情变化当中分辨一二。这个时候就需要马克斯维尔太太做出一些"惊喜""难以置信"的神情，因为儿子的视觉、听觉都有些不大好，所以她必须将动作做得非常夸张。就这样，半年之后马克斯维尔太太突然发现儿子的听力恢复了很多，因为当她故意用很大的嗓门表扬对方时，范弗兰克说道："妈妈，你的嗓门太大了。"

可以说，通过不断地肯定和表扬，马克斯维尔太太逐渐帮助孩子找回了自信。当然，这是一个漫长的过程。而且在维德西奇看来，暗示性失明或者听觉失灵越早治疗越好，像范弗兰克这样8岁才开始接受治疗已经算是非常晚的了。

（2）设计容易克服的小障碍，让患者体验自信、不断进步

在维德西奇的建议下，马克斯维尔太太还带着儿子去了阳光明媚的鹿特

丹大港湾。那里地势开阔，光线非常好，范弗兰克很容易就看到了巨大的轮船，以及海天交接处欢腾飞舞的水鸟。映着夺目的波光，范弗兰克欢呼着跳了起来："妈妈，妈妈，你看那些是什么鸟？"

马克斯维尔太太故意眯起眼睛看了半天，然后才说："我怎么看不清楚呢，你看见有几只鸟？"

范弗兰克认真地数了一会儿，回答说："这一群好像是 9 只。"

"哎呀，你太了不起了！"马克斯维尔太太大声说，"我要找个望远镜好好看看……对的，是 9 只，一只领头的，还有 8 只跟在后面。"

范弗兰克也拿过望远镜观看周围的景象。类似这样的旅游还有很多，但是去哪里、看到了什么景色都不是重点，马克斯维尔太太最关心的就是给孩子制造一些容易让他看到并且让他产生自信的机会。当儿子说出一个景物时，她往往会表现出惊奇的样子，对他说："真不错，我都没有看到呢！"

事实证明，这种旅游是非常有效的，范弗兰克在一次又一次的"成功"当中逐渐解开了心结。通过一些容易辨别的景象，他在自己的潜意识当中形成了一种"我能"的直觉，而这种积极的心理暗示在帮助孩子治疗疾病方面起到了非常重要的作用。

所以，在很多时候，一些不经意的评价也可能激起一个人的潜意识，继而使其陷入被动的局面。比如，马克斯维尔太太和图雷对孩子做出了负面的评价，造成了非常糟糕的结果。但是，正如维德西奇所说的那样："错误的心理暗示可以让一个人丧失一部分机体功能。治疗师需要做的就是通过良好的引导制造出积极的暗示效果。只要方法得当，一切障碍都会被顺利清除的。"

Chapter 2 从自我认同度上寻找内心强大的力量
——荣格的自我认同分析术

为什么身家数百亿美元的比尔·盖茨不注重自己的穿衣打扮呢？为什么现实中自认为什么都懂的人却不怎么受欢迎呢？积极主动的人为什么会在瞬间变成另外一个人……

以上这些问题的出现恰恰印证了荣格的自我认同理论存在的客观性。也就是说，在现实中，类似于自我认同的案例非常多，而这些案例大多是以荣格的自我认同理论作为切入点的。那么，究竟什么是自我认同呢？对此，荣格给出的解释是：个体依据自身经历所反思、理解到的真实的自我。简单说来就是"我是谁""我具备怎样的能力""我要达成怎样的目标"……通过对自身的充分认识寻找隐藏在内心的强大力量。自我认同理论不但可以帮助人们理清头绪，而且还能给人们提供分析方法，可谓是一笔巨大的精神财富。

1. 从自我认同到自我实现

英国著名的社会理论家和社会学家吉登斯对于荣格早期提出的自我认同理论有一定的研究，而他在此基础上又结合自身多年的潜心研究总结出了一些新的理论，这些理论的建立帮助人们从中领悟到了自我认同的精髓。

吉登斯认为，个体通过向内用力和内在参照系统而形成了自我反思性，人们由此而形成自我认同的过程。其实，个体就是依据自身经验反思理解的自我，而"自我认同"假定了反思性知觉的存在。但自我认同并不是给定的，而是作为个体动作系统的连续性的结果，是在个体的反思活动中必须被惯例性地创造和维系的某种东西。自我实现源于个体自我实现的内在需要，它是继个体生理需求、自尊需求等基本需求的优势出现过后而孕育出来的最大强度的总体需求，即自我完善这样的人性需求。可以说，自我实现才是人生的最高价值。

目前，自我实现已经成为当下在心理学界、教育界以及大众媒体之间广泛传播的焦点性话题。其实，现代背景下所说的"自我实现"是美国著名人本主义心理学家马斯洛最先提出来的。他曾表示，自我实现就是个体充分地利用和开发自身的天资、能力以及潜在能力等等。这样的人似乎表现出竭尽所能的特征，目的就是让自己趋于完美。也正是因为如此，自我实现是很难做到的。纵观历史，实现人生最高价值的人少之又少，通常只有极少数伟大的人物才能做到自我实现。那么，普通人该如何自我实现呢？在吉登斯看来，自我实现由以下几个层面构成：

（1）吉登斯认为，自我可以被看成是个体负责实施的反思性投射。很多时候，自我的反思性投射大多是个体的反省意识产生的结果；缺少自我反省意识，自我就不会有丝毫的意义和价值。比如，个体原本不是现在的样子，而是通过对自身加以塑造的结果。

（2）个体的自我反思是持续性的，也是时刻存在的。也就是说，个体在每时每刻或者在有规则的时间间隔内参考正在发生的事件实现自我质问。比如，个体习惯于问自己："目前发生了什么事情？我究竟在想什么？我现在在做什么？我感受到什么？"等等。

（3）在吉登斯看来，自我认同作为一种连贯性发生的现象，它被设定为一种叙事。为了使这种叙事变成鲜明的记述，也为了维持完整的自我感，个人日记、人物自传的写作和阅读就成了现代生活中的个体寻求和建立自我认同所采用的一种方法。在成长过程中，个体需要从社会上的名人或者具有榜样力量的人那里找到自我的影子，并让自己和这些人一样去进行创造性的投入。

（4）自我实现其实蕴含着对时间的有效控制。吉登斯认为，和"时间保持紧密联系"是自我实现的基础，因为时间是让生命趋于完美的基本条件。也就是说，自我实现的过程其实是个体伴随着对未来要发生的生活轨迹的一种预期。自我实现的过程也可以理解为：个体是如何把握生命进程以及自我设问的过程。毕竟，时间是自我意识生成的起点，人类的生命不可避免地要与时间为伴，而人类生命意识也是在时间的体验中升华而来的。个体的自我发展以及各种需求总会在时间中不断生成，因为时间是让生命趋于完美的不可或缺的条件。因此，拥有自我实现感的个体应该珍惜属于自己的美好时光，也正因为如此，自我叙事的完整性才得以建立，而通过时间控制和积极互动的过程也才会更加秩序化。

（5）自我实现还可以理解成风险和机遇之间的平衡。由于风险和机遇同时存在，所以在这种平衡的两端就会出现一端是回避风险，一端是紧抓机遇的情况。在现实中，从众多个体的实际经历中可以看出，无论生活给他们带来什么样的磨难，只要个体想战胜命运，必然会探索新观念，不断地进行摸索，从而击败磨难。从某种意义上来说，正是风险和自我挑战才提升了个体自身的价值，让个体离自我实现的目标越来越近。

（6）吉登斯还认为，人类的生命可以看成是一系列的"过渡"。那么，协调这些不断"过渡"之间的转变，对付这些不断"过渡"过程中所蕴含的希望的风险，就成了解决个人危机的关键。个体在面对生命这一系列的"过渡"时应该适时地进入自我实现的反思性动员的轨道之中，从而实现大踏步地跨越和提升。

（7）自我实现的道德线索就是可信度，它的基础就是"对自己的诚信"。能够可信地行动不仅仅是依据尽可能有效和完善的自我知识的行动，也意味着使真实的自我脱离虚假的自我的困扰。因为对自己真实就意味着去发现真实的自己，这对主动建构自我十分有利。

由此不难看出，吉登斯的自我认同理论通过尝试性地揭开现代社会中个体和社会发展或变迁之间存在的复杂关系（相生相克的关系），重新构筑了荣格早期提出的自我认同理论。吉登斯认为，一方面，是新条件下追求自我成就感的表现，这种表现代表着个体超越制度约束的努力；另一方面，又通过现代性制度的反思性得以延伸和扩展。虽然个体对现实生活的有意识计划为自我实现和自我把握创造了条件，但与此同时也为原本外在于个体的现代性提供了空间的延伸。由于现代社会中制度解释具有高度的外延性，因此个体对生命历程的规划越自觉，其现代的控制力就会越大。而最终个体的经验会逐步被"存封"起来，变得与事件和情境越来越疏远，从而让个体丧失了生命历程中的道德性。可以说，在"现代性"情境下西方人所追求的"自我认同"已经成了"悖论"。在个人主义主宰的西方社会，个体"自我认同"的终极性意义不大。

2. 正确认识自己：荣格留给后人最实用的心理治疗经验

荣格曾经说过："伟人之所以伟大，是因为他们从小就能审视自己，并能正确认识自己。"这句话是荣格激励后人的一句话。在他看来，认识自己并不是一件困难的事情，甚至可以说，任何一种生物都有认识自己的本能。比如，在旷野上吃草的长颈鹿为何不肯进入丛林之中呢？原因就在于它们知道自己的长腿到了丛林中就没有了用武之地，而且丛林中枝叶交错的树木还会阻碍它们的奔跑。

可以说，即使在动物界，为了生存下去动物们也会斗智斗勇，它们在认识自己的同时也会充分了解敌人。而每个人不仅有长处，还有短处。短跑高手或许在长跑比赛中很难取胜，而跳水健将在游泳池里也未必就能做到游刃有余。荣格认为，既然造物主创造出不一样的人，人就要以适合自己的方式充分利用自身的长处，并将其发挥到极致水平，这样才能获胜。

荣格不断地强调认识自己的重要性。他认为，正确认识自己对于自身心灵的健康和完善可以起到至关重要的作用。现实中的人们不仅可以意识到外在社会环境客观事物的存在，还能意识到自身的心理以及行为，将自己的体验和思想意图以及感觉告诉自己，控制、调节或者完善自己，并根据自身的真实需求以及社会的需求主动调节自己的行为方式。在荣格看来，人类表现出的这种意识和自我意识功能说明了一个问题，那就是人类能够正确地认识自己。但事实上，正确地认识自己并不是件容易的事情，因为人类的自我意识往往是一个发展和不断完善的过程。然而，在现实生活中，很多人都以为自己很了解自己。殊不知，他们对自己的才貌、成绩以及在别人眼中的形象等不是估计得过高，就是估计得过低。

荣格分析后认为，那些对自己估计过高的人大多是自尊心过强的人。自尊心本来是一种难能可贵的心理品质，它可以有效地激发出人类积极进取的精神。但如果自尊心过强，就会对身体健康带来不利影响。自尊心过强的人往往会用自己的长处去和别人的短处做比较，这样就会出现目中无人、藐视别人的情况。他们以为别人处处不如自己，可一旦别人超越了自己，心里就会不舒服，还会产生嫉妒和排斥心理。如此一来，这样的人的适应能力就比较差，经常会出现心情沮丧、牢骚满腹的情况，最终也会出现身心疾病。

而对自己估计过低的人又非常容易产生自卑心理，这样的人大多谦虚谨慎。其实，谦虚、承认自己不如别人的人大多是一些勤奋好学的聪明人。然而，如果感觉自己做任何事都不行，是一种对心理健康不利的意识。比如，在身体方面嫌自己太胖，并怀疑自己的健康，总是担心患有疾病；在事业上缺乏足够的信心；在人际交往中有一种低人一等或者胆怯的感觉等，这些都是没有正确认识自己的表现。

由此可见，客观正确地分析和评价自己是个体认识世界的重要组成部分，也是保持心理健康的一项重要的原则。那么，应该如何正确地认识和评价自己呢？在荣格看来，正确的自我评价由物质自我、社会自我以及精神自我3个要素组成。

物质自我指的是个体对自身身体、衣着以及家庭经济条件等做出的恰当评价，其追求的目标要量力而行，也就是说要符合自身的承受能力。比如，个体钟情于一款新款汽车，可汽车高昂的价格是个体所不能承受的，而个体并没有对自身的物质条件做出正确的评价，而是一意孤行地购买汽车，甚至不择手段地去实现拥有汽车的愿望，这就是个体对自身的物质条件不能正确分析的极端表现。

社会自我指的是个体对自己和家人或朋友在社会环境中的地位和声誉做出的正确评价。个体拥有梦想，珍惜自身的声誉，以及对事业具有较高的抱负，并能以百折不挠的精神去实现它，这就是心理健康的标志，也是对自身充分认识的结果。但如果个体喜欢出风头，为了名利甚至不择手段地去获得，这样就损害了自身的名誉，也偏离了社会自我的正确评价，如此一来，个体难免会遭受更为沉重的打击。

而精神自我是个体对自身能力、智商以及道德水平等方面做出的正确评价。比如，对社会上的善恶、道德行为有正确的评价，对自己和别人的道德行为引起的内心道德情感的评价等。总之，认识自我并非易事，需要个体在现实中不断地进行修炼和自我完善。

为此，荣格将他的研究成果告诉人们，以便让人们从中得到一些启发：

（1）借助比较法认识真实的自己。这种诊疗方法强调的是同周围相同的年龄、相同经历的人在待人处世以及情感表达等方面进行全面比较，通过别人找出自己的特点来认识自己。荣格认为，在比较时选择比较对象非常重要，找不如自己的人做比较，或者用别人的优点和自身的缺点比较，都会出现一定程度的偏颇。因此，在比较时一定要结合自身的实际情况，选择条件相当的人进行比较，找到自身在比较人群中的合适位置，这样做出的比较才是客观的，也能认识到真实的自己。

（2）运用自我反省的方式认识自己。自我反省是一种自我体验。在现实中，人们往往会通过自我反思检查并认识自己的言行举止。在一些大事件中获取的经验可以有效地提供自身的个性、能力等信息，从中发现真实的自我，进而对自己的不足之处加以改正。

（3）用评价法认识自己。在荣格看来，在正确认识自己的时候有必要重视同伴对自己的评价。也就是说，别人对自己的评价往往具有更大的客观性，如果别人的评价和自我评价相吻合，说明自我认识比较正确，但如果两者之间的评价差距过大，则说明自我认识上存在误差，这就需要及时调整。当然，对于别人对自己做出的评价也要有认识上的完整性和正确性，不能偏听偏信，这样才能更加正确地认识自己。

为了让个体更深入地正确认识、了解自己并改造自己，荣格建议人们采取如下措施：

首先，个体要写下自身的自我认定。个体希望的自我认定中包含哪些条件，请将其记录在本子上，这样不仅方便查看，还能增强个体要改变的决心。

其次，要下定决心。个体如果确定了想要拓展自己的自我认定和人生，就需要下定决心使自己充满动力。

再次，要详细地列出行动计划和方案。个体要尽快列出行动方案，这样才能与个体新的人生角色相吻合。此外，列出的行动计划必须是可行的，如果行动计划制订得不合常规，不仅不会有效地执行下去，还会让该计划失去意义。

最后，还要时刻查看自己的自我认定。只要不断地提醒自己，自我认定就会在个体的脑海里留下深刻的印象，久而久之个体就会在这种潜移默化的环境中发生质的改变。

3. 暴露疗法真的是治疗强迫症患者的有效方法吗

在谈及强迫症之前有必要先看看现实中人们看到过的强迫现象：比如，出门后人们总是担心房门没有锁好而返回家中检查；儿童行走在马路上时必须走三步跳一步……可以说，每个人都或多或少地存在着强迫现象，只不过这种现象持续的时间以及程度不同罢了。在不引起严重的焦虑等精神障碍的情况下，这是个体的一种非常正常的表现。

其实，荣格在早期的研究中就曾提到过强迫症。他认为，强迫症是一组以强迫症状（包括个体表现出的强迫观念以及强迫行为）为主要临床表现的神经障碍。强迫症在临床上很常见，通常男性患者多于女性。

在临床上，强迫症不仅是一个重点，更是一个难点——虽然从精神疾病的分类中来看它属于神经症的一种，但是事实上，心理分析学家一致认为强迫症的治疗甚至比焦虑症的治疗要困难一些，症状改善的速度也比较缓慢。

如果诊治不及时或者不能采取正确有效的治疗方法，就会给患者带来巨大的心理压力，并影响他们的生活。在现实中，我们也经常会看到一些患者频繁地洗手，直到手被洗破了才肯停下来；还有一些患者在外出之前会反复检查房门是否已锁好，甚至会为此耗费几个小时的时间。心理学界将以上这种强迫性行为称为"仪式"。可以说，一旦人患上强迫症就会非常痛苦，因此要对其引起高度的重视。

在很长的一段时间里，瑞士的一些心理专家和精神分析师都认为强迫症是一种无法治疗的疾病。他们认为，无论是采用心理疗法还是药物疗法，对治疗都不会起到明显的作用。但随着研究的深入，人们在诊疗强迫症方面已经有了一定的研究成果。

尽管一些早期的瑞士精神分析学家认为采用系统脱敏的方式治疗强迫症是有效的，可实际的研究结果表明，只有不到1/3的患者在这一狭隘形式的认知行为诊疗中得到了益处。其他一些诸如自相矛盾意向、厌恶疗法等治疗也发现了治疗强迫症不成功的案例。而一些旨在阻止或惩罚个体强迫观念以及行为的治疗方式，如停止思维等也是不成功的。与此不同的是，一些精神分析师采用让患者长期暴露在可以引起他们强迫痛苦的情境或物体下，并要求患者运用"禁止仪式"的方法治疗强迫症。在治疗过程中，尽管患者被要求"禁止仪式"，但他们仍有强烈的仪式化冲动。比如，让担心被细菌感染的患者坐在不放置任何铺垫物的地板上，这就好比让患者暴露在现实中，而这种暴露也被称为"真实暴露"。当然，也可以要求患者想象自己坐在地板上，而这种暴露就被称为"想象暴露"。可以说，让患者暴露在令他们不安的环境中就会引起他们的痛苦，这样的治疗方法是非常有必要的。

研究发现，起初就面对引起痛苦情境的患者和那些在开始时面对较轻痛苦情境的患者的反应一样。但对于大多数人来说，他们更喜欢循序渐进地接受能引起痛苦的情境。也就是说，一开始患者更容易接受低级别的痛苦情境，然后一点点地接受高级别的痛苦情境。但需要注意的是，不要将高级别的痛苦情境放在最后阶段的治疗过程中，因为患者很可能缺少足够的时间和耐心去适应最令他们感到痛苦的情境。此外，暴露时间对于治疗效果来说也是关键的要素之一。长时间、持续的暴露取得的效果远远要比短时间、间断的暴露效果要好。那么，暴露多长时间才最有效呢？实际上，暴露时间应当持续到患者对强迫观念的痛苦减少为止。而在诊疗过程中，患者焦虑不安的情绪减少就预示着治疗效果起到了作用。虽然对于强迫症治疗的暴露时间没有统一的规定，但从临床治疗的经验来看，一个小时至两个小时是比较合适的。

由此可见，尽管暴露可以在一定程度上减轻患者所遭受的痛苦，但这对于减少患者的强迫行为并不总是有效。在荣格看来，如果没能阻止患者的仪式化行为，暴露疗法也就失去了意义。

4. 比尔·盖茨不穿名牌服饰的原因：着力体现高度自我认同感

试想一下，一个身家千亿的富豪在现实中会穿什么样的衣服呢？相信大多数人都会认为，富豪当然会穿价值不菲的名牌服饰，这样才能与他们的身家相匹配。然而，事实并非如此。比如，拥有数百亿美元的比尔·盖茨平常看上去就好像是个仓库保管员。的确如此，他的穿衣风格中透露着一种美国式的轻松和随意。虽然在一些场合他不会随意穿一件 T 恤出镜，但只要细心观察就会发现，比尔·盖茨穿着的衬衣最上面的纽扣总是不扣，而下装通常是普通的休闲裤和休闲鞋，而这样的穿衣风格让很多人感到不解。再比如，香港至尊级财富精英李泽楷早在 2000 年时身价就飙升至数十亿港币，然而就是这样一位令人羡慕的人在穿衣风格上却让人感到意外。当一些媒体人对李泽楷进行采访时，发现他的手腕上带着一只价格不菲的世界名表，而脚上却穿一双在香港的便利超市或市场上随处可见的球鞋，这种球鞋的价格还不到 30 港币。

无论是比尔·盖茨还是李泽楷，虽然他们的穿衣风格让一些人感到诧异，但如果从行为心理学的角度来看，这其中表露出的不仅仅是他们的随意，还传递出他们的自信以及我行我素。然而，并不是所有成功人士都拥有这样的精神，有时情况或许会恰恰相反。

在现实生活中，一个人从大学毕业后便开始在社会上摸爬滚打，经过不断的成长后，终于在一家企业担任要职。在外人眼中，这个人是位成功人士，人们大多会投来羡慕的目光。然而，取得成功的人却认为自己取得的成功是自己付出高昂代价的结果。比如，无休止地加班，放弃可以用来享受的休闲时间，饮食上的不规律等。在获得巨大收益、回报的同时，问题也随之而来了——这些人的压力越来越大，身体状况也出现了异常，甚至在工作中总是担心自己没有做到最好。此外，这些人非常注意自己的形象问题，在衣着上大多追求名牌，因为只有这样他们才能感觉到不被别人忽视，从而体现出自身的成就感。

其实，压力总会伴随着每一个人。虽然人们本能地想排斥它，但压力所产生的焦虑和不安通常挥之不去。也就是说，人们越想躲避它，它就越不会消失，反而还会"蹬鼻子上脸"。同时，有些人还用"有压力就会有动力"这句话主动寻找压力。但不可否认的是，压力是把双刃剑，它在促进人们成长的同时也可能会伤害到人们。因此，简单地认定压力的大与小往往会让人们对其产生茫然和恐惧。

很早以前，荣格就认为人们的心理压力是一种"个人的感觉"。在他看来，当外界某一件事情的紧张程度超过了人们认为自身所应该具备的处理事情的能力时，内心就形成了压力，因此心理压力其实就是一个人最真实的主观感受。很多时候，当一个人缺少应对能力或者事态的发展对自己产生某种程度的威胁时，一种无形的、让人产生不良心理体验的压力就产生了。而当一个人相信自身有实力去完成某一件事情时，则会将压力看成是一种激发斗志的挑战，此时的压力不会让其产生不适的感觉，而是变成他们工作或生活的动力。为此，荣格总结道："个体相信自己能做好，压力就是动力，而当个体对某件事缺乏自信时，压力就是最大的阻力。"

荣格通过多年的研究还认为，造成个体的心理压力不断增大的最主要原因是个体的自我认同感不足。也就是说，个体在某些时候缺少足够的信心。所以，长期持续存在的压力来源于谁给他的心理作用。大多数情况下，个体自我认同感低时就会形成相对僵硬和被动的观念。

荣格一直强调，如果一个人没有自我认同，那么他就会难以忍受缺少足够关注的角色及处境，没有得到别人的喝彩就感觉自己没有价值，从而产生悲观心理；没有自我认同，个体就会将外部标准的成功当成是一种极大的渴求，对于失败又会充满过分的恐惧心理，从而使自己丧失斗志；没有自我认同，个体就会在不知不觉间发现自己的内心没有安全感，需要用权力的外壳或者可炫耀的身份标签等保护自己不受伤害。如果没有这些，个体或许会假借象征身份的符号，比如名车、名牌服装、高级别墅等证明自己；没有自我认同，个体在人际交往中会不自觉地将不认同自己的想法折射出来，产生别人看不起自己的心理，从而处处提防着别人，由此让人际交往变得异常艰难。

而对于那些缺少自我认同的人，荣格给出的建议是，学会欣赏自己，认可并接纳自身的全部特性。在荣格看来，个体建立起稳定、坚不可摧的自信能力可以最大限度地让个体对"悲观预期"的心理干扰说"不"，对事情的重要性进行理性地取舍，积极主动地调控自身的压力。个体控制自身压力的对策分为不同的层次，但归根结底还是要在自信问题上下功夫，最有效的途径就是提升自身的自我认同度，用"不失去自我"的意念与内心自我怀疑引发的隐形压力相抗争。

实际上，自我认同就是对自己的无条件接纳和包容，最集中的表现就是个体能够认可并接纳自身的全部特性，包括缺点。荣格认为，个体的自我认同不同于粗浅的自我感觉良好。当工作、生活很顺利时，个体自然会自我感觉良好；而当工作或生活不如意时，个体就会自我感觉不好。自我认同不会因一时的得失而否定自己，不会轻易地受情绪的控制，无论顺利与否，个体对自己都有一个客观、全面的认可，不会让自己完全受外在环境的影响而改变自己的特质。

在现实生活中，人们的心理问题多种多样，但自我认同是一种对个人心理平衡与社会组织协调发展的真正健康有力的概念。荣格强调，无论是遭遇挫折还是收获梦想，都要从自我欣赏做起，这是回归快乐生活的本源，也是

自己最好的心理治疗师。

从荣格的分析中可以看出，比尔·盖茨之所以不注重衣着打扮，与他对自身高度的自我认同紧密相关。因为比尔·盖茨不仅拥有足够的自信心，而且是一个认可并接纳自身全部特征的人。也正因为如此，他取得了常人无法取得的成功，这或许就是他的不同寻常之处。所以，荣格的自我认同分析术从某些方面来讲是一个增强人们自我认同感的好方法。

5. 自认为什么都懂的人为什么不受欢迎

现实生活中有这样一种现象：一些人总是在向别人提出意见，以此表明自己的观点正确。比如，一个人和朋友共进午餐时讲话的声音会在不知不觉中变大，而且还会参与所有激烈的讨论，并发表自己的观点，总想给人一种他们什么都懂的感觉。可事实上，除了语气非常断然以外，他们所讲的内容或发表的观点往往是缺乏科学依据的，不足以让人信服。也正因为如此，他们的这种态度并不能帮助这些人赢得别人的赏识。针对这样的现象，荣格指出："现实中存在的这种想象透露出的信息是这些人缺乏自信，而看似富有攻击性的交际方法只是为了将内心的忧虑隐藏起来。"

其实，这种现象是自我认同的极端表现——狂热追求。在那些看似无所不知的人的内心深处存在着被称为"社交恐惧"的精神障碍。荣格认为，个体存在的这种恐惧需要通过"焦虑型多语"的方式加以掩饰。也就是说，个体在和别人说话时，用自吹自擂的方式封住别人的嘴，以隐藏他们内心的脆弱。

而从实际的效果来看，这样的方法确实能够帮助这些人隐藏内心的不安。

如果一个人总认为自己无所不知，那就表明其自身价值始终要得到认同。这样的人非常重视自己发表的观点给别人带来的影响，并相信任何错误或不足都是致命的，会使别人失去对自己的信任。

一些人经常会说："对我来说，哪怕是犯了一点点错误都是令人沮丧和耻辱的，我总是加倍努力，在赢得别人尊重的同时也为自己挣得了脸面。"对于这句话，荣格发表了自己的意见："说出这种话的人大多与他们在童年时期得到的关注不足有关。也就是说，这样的人大多在童年时期被要求承担过重的责任，这样他们就比同龄人成熟得快。但这些人到了而立之年还清楚地记得童年时期自己并没有像其他孩子那样痛快地玩耍过。由于他们缺少尽情玩耍的童年，也很少有人在意他们在童年时的感受，因此当他们长大后对事情就会表现出严肃认真的态度。此外，他们的父母往往没有意识去倾听他们的需求，甚至还会对他们产生误解。如此一来，这样的人不得不提高说话的音量，通过大声说话或者多说几次来引起父母对他们的关注。而且，这些人在成年之后认为只有这样才能让自己的想法被别人接受和认同，以便克服自身存在的卑微感。

在现实生活中，我们总能听到这样的抱怨："一直以来，对于别人的工作或者其他事情我都有表达自己的观点的强烈愿望。从内心来讲，我希望自己对所有的事情都了解，也希望别人能够听我说，并且能够尊重我。对我来说，这些都是自己存在的价值。可是有一天，情况忽然发生了变化：我的朋友不再愿意听我的单向表达，我的家人也不喜欢我的说话方式。于是，我便产生一种挫败的感觉。"

其实，问题出现的原因就在于这些人的自我认同感发生了"变异"，也就是过于自恋。

如果一个人不愿意设身处地地为他人的感情和需求着想，并且沉湎于无限成功、美丽或理想的爱情的幻想中，那么对于自身的成长来说是极其不利的。也正因为如此，荣格总结出以下调整方法。

首先，在适当的时候要学会沉默。也就是说，尽量不要让自己参与到与别人进行的所有谈话中，要适时地保持沉默。在与别人进行谈话的时候最好不要出现"垄断说话"的情形，因为这样一来，别人就很难发表自己的意见。而如果这种情况一直持续下去，那么别人就会产生强烈的抵触心理，并将其视为具有攻击性的沟通方式。

其次，要学会认真聆听。在荣格看来，在和别人沟通的时候，不要总是关注自己要说什么，而是要认真聆听对方在说些什么。采用认真聆听的方式，不轻易打断别人的谈话，表现出自己正在认真聆听的姿态，这样可以让别人心里感觉到被重视，由此获得别人的认同和赞赏。

最后，交流时要多提出疑问。试想一下，如果与别人交流的时候总是表现出一副什么都懂的样子，或许别人会钦佩你的博学多才，可在他们内心深处却产生一种嫉妒之情，这样并不利于双方之间展开深入的交流，而最好的办法就是在和别人交流时多提问。也就是说，通过提问让别人解答的方式使他人心理上得到慰藉，从而利于双方之间的深入交谈。同时，在别人眼中自己也是个受欢迎的人。

6. 自我认同感的缺失：积极主动的人为什么从"天使"变成了"恶魔"

荣格在早期对患者的精神治疗中曾发生过这样一件事情——一个男孩代替自己的姐姐向荣格寻求帮助。事情的经过是这样的：男孩有一个比他大 10 岁的姐姐，由于家里只有一个女孩，所以父母从小就对姐姐非常溺爱。而姐姐个性很强，是个性格活泼的人。上学期间，她经常代表学校参加各种比赛，并积极参加学校组织的各种文艺演出和演讲比赛等。在工作中，她的积极性也非常高，并将工作视为自己追求的目标，甚至会在休息时间忙于工作。为此，领导对她十分器重，也有意栽培她成为公司的管理者。正当她准备在公司里实现自己的梦想时来了一位新领导，男孩的姐姐还是用以前的工作方式工作，或许是与新领导在工作上出现了严重的分歧，新领导对其进行了批评，并将提拔她的计划延后。为此，她心里产生了落差，决定辞职。

这件事发生以后，男孩的姐姐在思想上遭受了不小的打击——她认为自己工作如此卖力，却没有得到新领导的赏识和提拔，感觉心灰意冷、没有面子，于是便产生干好干坏都一样的心理。对什么事情都无所谓，领导分配任务后就当面和领导顶撞，就这样，很快她在公司里没有了朋友。可她仍然我行我素，于是一些人开始对她议论纷纷，甚至有人认为她患有精神病。

不仅如此，男孩的姐姐每天回到家以后就知道收拾房间，一天甚至要打扫 5 遍，并且不断地擦桌子。在个人生活方面，她总是给自己买一些老年人穿的服装，而且她与别人的观点格格不入。而对于朋友带到家中的小孩，她会给小孩买各种不同的小发卡或者小工艺品之类的东西，并且在朋友临走前会塞给他们一大堆水果、衣服等，直到送完为止。而且，她的逆反心理非常强，别人不建议去做的事情她偏偏要去尝试。而她一旦发起脾气来也很少能控制住，经常打孩子、摔东西等，但没过多久又会对自己的行为感到后悔。

听完男孩的话后，荣格进行了深入的分析。他认为，男孩的姐姐的人格结构，也就是"自我"出现了问题。做出如此判断最充足的理由是，从男孩的叙述中，荣格找到了导致她出现如此多不良情绪的根源——没有得到上司的提拔。但在严格的精神分析中，这或许不能被称为改变一个人并引起一系列心理问题的"创伤性经验"。如果从一般的分析习惯出发，在确认她遭受了创伤性的经验后可以很容易重视它本身和它出现之后表现出的症状，而不太重视它出现之前的分析对象的存在状态。但是，在以上这个案例中，创伤性的经验只不过是她此前生活经历的逻辑结果。因此，真正的问题并不是这个创伤性经验本身，而是说明了她的言行举止存在一定的缺陷。荣格认为，即使她没有遭受到这个创伤性经验，也可以预测出她未来的行为倾向。

根据男孩的描述可以发现，她从小就被父母溺爱。一般说来，个体在这种被溺爱的环境中长大，非常容易出现弗洛伊德所说的"接受取向"这种情况，而荣格对"接受取向"的理解是"我渴望""我想要"。也就是说，整个世界似乎都应该为她一个人而存在，任何人都应该谦让她，给她关爱……

从表面上来看，这样的人具有独立的性格特征，即想要让别人意识到他们的存在，可这种个性不仅是没有真正的自我认同的一种补偿，而且是为博取别人的欢心而得到认同的一种方式。其实，她从最初就没有真正的自我认同，她的自我认同实际上仅仅是社会认同的结果。因此，从本质上来说就是一种离开社会认同就会土崩瓦解的幻象。在荣格看来，小时候越是在溺爱的环境中成长的人就越容易在成长过程中被社会的主流价值观念侵吞，让"自我"得不到充分体现。或者因为自我的缺失而发展成为高度的自恋，并最终演变成一种唯我独尊的病态人格。

可以看到，男孩的姐姐在成长的过程中由于被溺爱已经使自己的自我认同让位于社会认同。随着她的年龄的增长，家人对她的赞赏和肯定也迅速扩展到社会对她的赞赏和肯定。从心理上来说，她似乎无法抛弃外界对她的肯定。所以，她在学校积极参加学校组织的各种活动和比赛，工作后一心投入工作。就心理动机而言，她表现出的"积极主动"实际上是被迫的。因为在心理上已经习惯用社会认同来确认自己的存在价值的她很难接受别人的否定和批评，同时她还担心这些维持自己心理生存的无形的东西会在某一天消失。于是，她必须竭尽全力按照社会上的主流价值观念进行表现，以便获得外界的肯定或赞赏。

对这样的人来说，一旦他们没有得到外界的肯定或赞赏，他们的心里必然会泛起涟漪，甚至会发生严重的"大地震"。需要强调的是，男孩的姐姐积极主动的表现既和它们产生的一般性结果——得到外界的肯定或赞赏相吻合，同时也和外界对她的奖励——努力工作就自然而然会被提拔相符。也就是说，男孩的姐姐对自己应该得到提拔的心理预期并不仅仅来自她认为外界必须要满足自己的这种主观心理需求，而且在客观上也具有一定的合理性。当她没有得到提拔后，她便认为：有些时候并不是努力工作就可以被提拔，没有人将自己当回事。如此一来，加剧了她的心理负担，从而让她产生一种羞辱感，甚至认为自己失去了价值。

可以说，当她得知没有被提拔的消息时，一定是她的心理发生不平衡的时刻，自认为被外界看作有价值的人其实什么也不是。她内心深处一直认为所有和她接触的人都应该肯定并鼓励自己，却没想到肯定自己的人非常少。当社会的认同在她的心理上被体验为已经被收回时，她的自我认同也就彻底崩溃了。并且，所有支撑自己心理上的生存的那些力量和存在的价值感因自我不"在场"真相的暴露而瞬间消失了。

从男孩对姐姐的描述中可以看出，她并没有意识到自身的"无我化"。这似乎和个体心理上的逻辑相符合，在很多时候，个体并不能马上意识到，而是经过一段心理上的紊乱时期，并且也很难保证个体的醒悟不会转向寻找另外一个虚假的自我来肯定自身的沉睡。既然最初的无我状态不能给予其自我肯定，当社会认同瞬间土崩瓦解时，她自然也就找不到自身存在价值的证明了。为了心理上感到安慰，她会采取一些行动向外界证明自己仍然有价值，以此来构筑自身的自我认同。所以，她每天都会打扫房间并擦拭桌子，给自己买一些老年人穿的服装，以及给小孩买各种不同的小发卡或者小工艺品之类的东西……

在大多数人看来，她的这些行为或许是不正常的。但在荣格看来，她的这些做法是再正常不过的了。因为她这样做的目的并不是为了家里的整洁等，其真正的意义在于，她最大限度地获得了对自己的能力的确认以及按照社会观念看来自身存在价值的感觉而已。

此外，既然她的创伤性经验是受外界环境影响产生的，她的心理出现的"大地震"是外界对她做出否定和批评的结果，那么心理生存的指令就必然会驱使她对外界"进行合法化"，也就是否定、攻击或者排斥它。很多时候，如果他人的意见曾对个体有意义，而在此之后却遭到了否定，那么个体就必须对他人的意见乃至他人本身表现出排斥或攻击的行为。所以，男孩的姐姐不买新领导的账也就不足为奇了，而这一切只是她要努力从那个曾经给她造成伤害的系统中挣脱出来而凸显自我。她越能让自己找到从来就不存在的"我"的感觉，她心理上也就越有安全感。

荣格通过对男孩的姐姐更深入地研究发现，她表现出的行为虽然是让人吃惊的，但却具有十足的利他主义色彩，而她的这些行为表现又恰恰是"正常的"。因此，荣格认为，她只是存在方式有缺陷，而她的心理和精神并没有一些人想象的那样陷入到病态中。她经常打孩子、摔东西等，并在做出这些行为后感到后悔，是她基于心理上的一种反应，并不是施虐的行为。这些可以从她后悔做出这样的行为中看出。此外，荣格还认为，男孩的姐姐以一种完全合乎个人心理规律的方式找到自我的感觉，与其说是一种精神异常，还不如说是一种回归正常思维的方式。

7. 人格理论"三剑客"是不是真的能和睦相处

在荣格看来，弗洛伊德留给后人最大的贡献就是创立了精神分析学说，而构建这种学说的 3 个概念是本我、自我以及超我。

本我，是指最原始的我，也就是自然之我。本我是一切以"我"存在的心理前提以及巨大的能力基础。还可以理解为个体本能、天性的规律等。在弗洛伊德所建立的理论体系中，"本我"是无意识的，也是无计划的，它是避免痛苦并追求快乐的。例如：幼儿生来就会哭泣，人生来就有喜怒哀乐，这与动物没有什么本质的区别，因此在很多时候人们又将"本我"理解为"本能"。

自我，是指个体"自己"意识的觉醒，也是人类区别于动物所特有的自我探寻的开始。荣格认为，婴儿在呱呱坠地的时候不存在"自我"，只有"本我"，但渐渐地，他们开始探寻"我是谁""我从哪里来"，此时他们就具备了自我的特性，也真正成为一个"人"。而这个过程是漫长的，伴随在他们身边的是外部不断变化的环境。比如，婴儿在感到饥饿时会哭泣、会吃奶，这是他们的本能；而当一个成人在感到饥饿时会花钱去购买食物，而不是看到可以吃的食物就吃，这就是自我意识。因为他们可以意识到，如果只吃东西而不给钱的话会遭到别人的唾弃甚至是殴打。为了避免这样的结果，成人的自我意识中就产生了"吃东西要给钱"的自我意识。

超我，是指道德和伦理角度的"我"。荣格曾生动地比喻过："如果将自我概括成'我能要'，本我就是'我想要'，而超我就是'我应该要'。"荣格认为，超我的形成大多受外部环境所影响，尤其在社会道德规范以及价值取向等的影响下作用于本我产生的结果。超我是一种个体本性得到满足，个体追求完美以及得到赞赏的心理集合。

荣格分析认为，个体的人生轨迹发展大多是从本我到自我，最后到超我这样的过程。这在每个人的人生历程中都是不可或缺的，但事实上每个阶段并非都是完整的。在本我阶段，个体的记忆不会持续太长时间，从外部环境中涌入的大量信息会逐渐占据个体大脑的位置，进而让个体进入"潜意识"层面。那么，个体在本我阶段是怎样的呢？荣格认为，在这个阶段的人表现出贪吃、贪睡或者追逐快乐等情况，这些都是个体的本能体现。而这个阶段也是没有"自我"和"超我"的，是快乐的时光。

可以说，个体自我的探寻和发现是人生最重要的阶段，也会经历相当漫长的过程。或许大多数人都会经历"我是谁""我来自哪里"的困惑，也需要解决"我可以做什么"和"我想要做什么"之间的矛盾。此时的个体更多的是受外界环境以及社会因素的影响。个体深刻地认识到"自我"和"非我"之间的差异，但却无法摆脱贪婪、懒惰、嫉妒等的困扰，于是个体开始痛苦，在身体上忍受着本我和自我之间的矛盾的折磨，而在精神上又会随波逐流，直到有一天发现自身的"超我"。

在荣格看来，通常情况下，本我、自我和超我"三剑客"是处于协调和平衡状态的，因为只有这样才能保证个体人格的正常发展。如果"三剑客"之间兵戎相见，那么个体的精神就会出现异常，从而危及到个体的人格发展。

8. 为什么说儿童的自我确认能力与父母息息相关

三岁的儿童由于空间活动能力不断增强，并有了要体验新的世界的意识，因此他们开始了形成自我的生命历程。也可以说，他们开始在头脑中将父母的形象牢记，以便在离开父母身边时仍然可以和他们在精神上保持联系，从而保持心理上的安全感。荣格认为，这好比是一个人将亲人的照片放在随身携带的旅行箱里，随时都可以拿出来看。

荣格分析认为，三岁孩子在自我确认的过程中首先要面临的一个任务就是建立起一个关于自己的内在形象，也就是"我是谁"。很多时候，儿童通

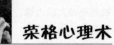

过在游戏中扮演不同角色的方式来完成这一任务。于是，他们通过扮演成各种卡通形象、各种人物或动物等来确认自己到底是谁，自己与其他儿童有什么相同之处和不同之处。通过角色扮演，儿童在认同后并将自己认为独特的个性特征牢记在心里。比如，他们在扮演活泼可爱的小白兔、狡猾凶恶的狼外婆、聪明智慧的长颈鹿等角色中寻找自我。此时的儿童非常在意父母对自身扮演的各种角色的反应，渴望得到父母的认同，心里也产生一种希望父母能和他们一起游戏的强烈愿望。

在荣格看来，在儿童的这一成长阶段，父母应该知道儿童的心理特征，并加入到他们的游戏中，同时对孩子扮演的角色要做出及时的响应，因为父母的响应在很大程度上决定了儿童将来性格的形成。荣格建议，对于处在这个年龄段的儿童，父母应该积极地鼓励儿童扮演各种不同的角色，并对他们扮演的角色做出积极的反馈，比如说："聪明活泼的小白兔，你的声音太动听了。""长颈鹿还没有吃到树叶，肚子一定饿了，快来吃饭吧。"当儿童扮演的不同角色得到父母的积极反馈后，他们会通过扮演其他角色来观察父母下一步的反应。

明智的父母应该给予他们足够的重视，并通过积极的反应来肯定他们。在这种情况下，儿童在所扮演的各种角色中汲取营养，将各种特点集合在一起，形成一个高度个性化的独特人格。然而，大多数父母在儿童这一阶段采用的方法都是存在问题的。由于自身价值观以及性格的局限，他们总希望自己的孩子能够是他们所希望看到的样子，往往对儿童，包括他们在游戏中扮演的角色，以及儿童在游戏中表现出的性格特点和行为方式等表现不同的反应，有赞同和表扬，也有批评和冷落，甚至用打骂孩子这样的方式对儿童进行塑造。由此一来，儿童的人格在无形中就被父母操控了，并按照父母的模式发展。这就好比在现实中见到的一些形状怪异的东西，比如方形的苹果等，据说瓜果师在这些苹果还没有长成前就将其放置在方形的模型中，于是苹果就会在方形的模型中生长。这样长出来的苹果虽然有趣，但如果父母也像塑造苹果那样让自己的孩子成长的话，就不是一件有趣的事情了。

现实中的很多父母虽然在儿童依恋期和探索期都能满足他们必要的心理需求，但大多会对于儿童在三岁时出现的自我认知感到不安，因为父母认为儿童的行为特征可能和现实社会文化存在偏差。因此，父母就会对儿童表现出来的与自身期待不符的行为进行压制、批评甚至是惩罚。也正因为如此，儿童的人格就分裂成为两个部分。其一是受到父母赞扬和认同的部分，也就是阳光面的部分；其二是受到父母批评或压制的部分，也可以理解为阴暗面的部分。这样一来，便会使儿童形成一种片面单一的人格特征，不再是人格完整的人。当然，儿童会本能地对自身的阴暗面感到不如意，甚至想极力否认它的存在，并积极地表现出好的一面，自然而然地将其作为自己唯一的形象而印在脑海中。

此外，现实中的一些父母由于过分关注自己的事业，对儿童在这一时期自我确认的重要心理过程视而不见，对儿童的自我认同游戏也不去理会，甚至不做出任何反应，自然也拒绝进入儿童的游戏世界，不在意儿童玩什么游戏或者在游戏中扮演什么角色。如果他们从不积极地给予儿童反馈，儿童或许永远也不知道自己是什么样的人，最终让儿童缺乏自我认知，缺少个性，很难形成完整的自我形象，并且会表现出多重人格的特点，找不到自身的定位。他们的情绪也会变得极其不稳定，要么一会儿大笑，一会儿哭泣，要么

就是生气。在荣格看来,儿童表现出的这些情况说明他们心里害怕被父母忽视,最难以接受的就是父母不把自己放在眼中,因为这会让他们感觉到自己没有任何存在的价值。

因此,这样的儿童总是想方设法引起父母的注意,也会想办法充分表现自己。正是他们过多地需要父母认可或关注,使他们很难建立起自身的界限,也造成了他们在人际交往中界限的概念模糊。这样一来,他们自我的确认以及能力的形成就会因此受到阻碍,由此也就不难看出三岁儿童自我的确认和能力的形成和父母息息相关的原因了。

9. 荣格解读占卜师让人信服的"内在玄机"

20世纪20年代,荣格在巴黎大学做过这样一个实验,他将以下一段话写在一张卡片上,然后让被测试者选择这些话是否符合他们的人格特征。以下就是卡片上的那段话:"你是个有完美主义倾向的人,你非常渴望能得到别人的喜欢或尊重。在现实中,虽然你是个才华横溢的人,但由于一些因素,你有很多能力没有正常发挥出来,同时你也有一些缺点,但这些缺点不足以让你心烦意乱,一般情况下你是可以克服掉缺点的。在与陌生人交往时,你或许会感到紧张,尽管你表面上给人一种从容的感觉,其实你的内心是慌乱不安的,因为你非常在意你给别人的第一感受。有时你会怀疑自己,怀疑自己做出的决定正确与否。你喜欢多变的生活,非常不喜欢被限制在一个固定的生活模式中,如果有人限制了你的生活模式,你会毫不犹豫地进行反击。

有时候，你给人的感觉是外向、亲切以及喜欢交际的，而有时则会呈现出内向、言行谨慎以及沉默不语的情况。你是个敢于担当责任的人，因此别人对你的感觉都不错。"

当被测试者读完卡片上的这段话后都一致认为好像在说自己，同时也认为荣格就像占卜师一样。然而，如果大家仔细思考的话就会发现，卡片上的这些话具有"万能"功能，是一顶戴在任何人头上都合适的帽子。这种效应和日常生活中的占卜十分接近。一些人在请教过占卜师后都会认为占卜师说得"非常准"，而且对他们的话语也没有一丝怀疑。其实，那些接受占卜师占卜的人自身就具有容易受别人暗示的特性。当这些人情绪低落或者失落时，就会对生活失去控制感，在这种情况下，自身的安全感也会受到影响。而一个缺乏安全感的人心理的依赖程度也会在无形中增强，也更容易受到外界的暗示。加之占卜师非常善于揣摩这些人的心理感受，稍微理解求助者的心理变化后，求助者心里就会感觉到一丝慰藉，而接下来求助者自然就会对占卜师所说的话深信不疑，从而认为占卜师具有超能力。

荣格之所以说得如此准确，是因为他运用了在心理学上被称为"主观验证"的方法。这种方法指的是当用一个观点专门来描述个体时，个体很容易接受并认可这一观点，认为自己和别人提出的观点完全吻合。在荣格看来，在人类的大脑中，"自我"占据了相当大的空间，所有关于"我"的事物都显得非常重要。而从个体基因的角度来看，每个人差不多都一样。也就是说，相似的基因造就出相似的大脑，而相似的大脑又会引发相似的思维等。比如，心理分析师对心理压力大的人进行分析："在未来的一段时期内，你会感觉到工作不够努力，不能达成自己的目标，于是你就会变得懊恼。而这种懊恼

的情绪则会成为你努力工作的动力，但不要给自己太多的压力，因为只要你对工作更加认真一点儿，一定会把工作做好。"其实心理分析师所说的是人们每天都会经历的事情。于是，求助于心理分析师的人会将其所说的话和自己的实际经历联系在一起，认为他说得非常准，而这些正是主观验证在起着作用。

主观验证可以给人们带来一定的影响，最关键的是人们对其深信不疑。其实，只要能说出一些模棱两可的话，别人的脑海中就会自动通过自身的主观验证将这些话和自己的生活或处境紧密地联系在一起，然后加以确认。

无独有偶，奥地利精神病学家安娜·弗洛伊德也曾做过这样一项测试，测试的内容是将臭名昭著的犯罪分子的出生年月等资料交给一家借助高科技软件进行人格测试的公司，并支付给这家公司高昂的劳务报酬。一个星期后，当这家公司的测试人员把测试报告交给安娜·弗洛伊德时，她从中读出了这样的信息：此人的适应能力非常强，可以在任何环境中保持清醒的头脑。由于其自身的可塑性强，因此这个人比别人更容易获得成功。此外，这个人在生活中充满了活力，社交也非常频繁。他是一个具有智慧头脑和创意的人，也是一个生活富足的中产阶级。不仅如此，该公司还预测这个人10年后在事业上会取得很大的发展。可令人哭笑不得的事实是，这个在测试公司看来"具有正义性"的人曾制造出种种危害社会发展的犯罪活动。当安娜·弗洛伊德拿到这份出自专业测试公司的报告后，又故意将"二战"发起者希特勒的出生年月信息交给测试公司。数天后，当她问被测者属于什么样的性格类型时，测试人员认为被测者是个有完美主义性格的人，还认为被测者是个喜欢小动物、富有爱心和热爱和平的人。可事实上，这些特征与希特勒根本没有关系。

以上类似的预测除了有心理方面的原因以外，还可以用概率学来解释。在荣格看来，事物大多具有两面性。也就是说，任何预测的结果要么是正确的，要么就是错误的，像"你是一个具有同情心的人"这样大众化的描述对大多数人来说都是适用的。

　　其实，在现实生活中，一些人既不能每时每刻去认识自己、反思自己，又不能将自己置身于外人的角度来观察自己，于是他们只能靠外界的信息来认识自己。这样一来，他们就会将别人的言行举止当作自己的行动准则。荣格强调，现实中的一些人非常容易受到外界环境和信息的暗示和影响，从而让自身的知觉出现偏差，对别人笼统的、一般性的描述加深了印象，并认为这些描述就是自身的特点。也就是说，一个人会非常容易地接受或相信外界对他笼统的描述。有时，即使外界对他的笼统的描述十分空洞，但这个人还是会认为这些描述反映了他的人格特征。

Chapter 3　梦，心灵的产物

——荣格的梦境分析术

人为什么会做梦？梦究竟有何意义？梦对人的身心有影响吗？梦的本质究竟是什么？千百年来，解梦学家、心理学家、神经学家等一直在为此苦苦求索，然而一直未能找到解开这些谜题的准确答案。事实上，人类对于梦的较为严谨的科学分析和研究始于 17 世纪。1886 年，梦学专家罗伯特认为，人在活动中有意或无意接收到的信息必须通过梦的形式才能将其释放，这就是著名的"做梦是为了忘记"的理论。而这个理论在流行一段时间后就隐没了，直到 100 年后，即 1980 年又开始流行。

而在罗伯特之后不久又出现了精神分析学派创始人弗洛伊德的解梦理论。弗洛伊德认为，人不停地产生着愿望和欲望，这些都必须在梦中通过各种伪装和变形来满足。也就是说，梦能够帮助人们满足一些无法被自身满足的愿望和欲求。之后，又出现了心理分析学派创始人荣格对梦独特而又具有哲学意义的分析和解释。荣格认为，梦不仅是一种正常的生理和心理现象，更重要的是，梦是一种心灵的产物，是一种内心的独白，它是受人的内心深处的潜意识所支配的。人们认为，荣格对于梦的解释将梦的意义推向了另一个高度。

1. 人为什么要做梦

荣格一直对"梦"学有着深入的研究，他认为，做梦是人体一种正常的、必不可少的生理和心理现象。事实上，大脑中的一部分细胞在人们清醒时并不起任何作用，但当人们入睡之后，这些细胞却在进行着功能性的活动，于是便形成了梦。对于梦的形成还有一种观点，即人们白天所看到的情形毫无秩序地出现在睡眠中，由此产生了梦，这是建立在俄国高级神经活动学说创始人巴甫洛夫的条件反射理论的基础上来看待梦的观点的。

在荣格有关"梦"的一些实验研究中证实，做梦能使大脑内部产生极为活跃的化学反应，使脑细胞的蛋白质合成及更新达到最高峰，而迅速流过的血液则会带来氧气和养料，并把废物运走，这就使得本身不能及时更新的脑细胞会因更新其蛋白质的成分而为来日提供充足的活动。因此，从这一点上来看，做梦有助于脑部功能的锻炼。

与此同时，梦也给人带来了愉快或痛苦的回忆。因而，有些人认为做梦并不是一件好事，它严重浪费了人们的休息时间，并影响了睡眠质量，而一些怪异、悲伤等不好的梦更使人的内心受到了负面的侵扰和伤害。其实不然，做梦对人有诸多好处。德国神经学家科胡思·贝尔教授认为，做梦可以达到大脑自我完善和修复不衰退的目的。贝尔教授认为，在白天，即便是在强烈的脑力劳动下，活动着的脑细胞也只有其中的一部分，而另一部分脑细胞则完全处于休眠状态。但如果这些在白天时处于休眠状态的脑细胞长期得不到使用，就会像长期不工作的机器一样，势必会逐渐衰退。而休眠状态的脑细胞为了防止这种衰退现象的发生，就会借助梦的形式来使用和发挥自己的功能，

以达到自我完善不致衰退的目的。

俄国高级神经活动学说创始人巴甫洛夫·伊凡·彼德罗维奇认为，做梦是人体大脑的一种潜补性工作程序，对人们大脑在白天所接受的信息和数据进行整理，而一些在白天不能及时处理的信息在梦中能得到很好的处理，尤其是白天冥思苦想无法解决的难题也能在睡梦中迎刃而解。例如，俄国著名启蒙思想家伏尔泰（原名弗朗索瓦·马利·阿鲁埃）常常在梦中完成一首诗的构思及创作，德国化学家F.A.凯库勒在睡梦中发现了苯分子的环状结构。根据科学家对脑电图进行的监测发现，人的大脑在做梦时的活动是相当剧烈的，科学家还从人的做梦状态中测试出了快速紊乱的脑电波，其强度有时会超过清醒时的强度。从这一点上看来，做梦是锻炼人类大脑功能的一种自身需要。

颇为有趣的是，不仅人会产生梦境，动物在睡眠时也会做梦。瑞士洛桑大学神经学家丹尼尔·胡贝尔曾用老鼠做过一次实验。实验结果表明，老鼠也会做梦，而且每晚不止一个梦，梦境持续的时间也较长，有的甚至长达十几分钟。并且，梦能够有效地增加鼠脑部分中心脑扁桃体中神经元的神经电活动。更重要的是，老鼠做梦能够有效减轻自身的焦虑感和压力感。同样，美国麻省理工学院的科学研究人员威尔森通过实验发现，老鼠的梦境和人一样，都与白天的某些经历有关。据美国《神经》杂志报道，威尔森为了研究老鼠是否做梦，他在老鼠的大脑中植入了小型电极，这种电极不会对老鼠构成伤害，但却能用来监测老鼠的神经元活动。之后，威尔森以一小块巧克力作为诱惑老鼠的物品，让一群老鼠走进一个又一个的迷宫，并检测它们在迷宫时的神经活动方式，然后再记录它们在睡觉时的大脑活动状况。检测结果表明，它们跟人类一样，在睡觉时会经历眼珠快速运动的阶段，而这一阶段对人而言与做梦有关。研究结果显示，老鼠在清醒和睡觉时的两种神经活动状况极其相似。也就是说，老鼠的梦中也会出现白天在迷宫的一些经历。利用这种检测方法，威尔森甚至还能够判断出老鼠在梦中跑得有多快，以及路过了哪些地方。

威尔森认为，老鼠做梦和人一样，也有一定的目的。比如，回忆白天的某些经历，或者接替性地完成白天未完成的事情。就此而论，荣格曾经还指出过梦的另一个目的：受到潜意识的指令，证实潜意识中各种各样的信息。此外，据已有的一些与梦相关的研究结果表明，人和动物做与白天相关的梦，有助于更好地掌握一些特定的技能，部分梦有时还能够指导人们改变生活，甚至可以在一定程度上解决人们在清醒后的冲突。也正是因为如此，人们对梦也产生了一些心理疑问：

第一，为什么总是做同一个梦？

奥地利心理学家、精神分析学派创始人弗洛伊德认为，当某一件事对你的心理刺激太强烈，或者在你的潜意识中特别害怕某种事物和现象，又或者你非常渴望得到某种东西时，它便会以重复梦境的形式出现。比如，一个非常想要拥有一颗钻石的女人有可能会重复地做着一个与钻石有关的梦。

第二，梦和现实是相反的吗？

从某种程度上来讲是这样的。心理分析学派创始人荣格认为，梦反映的是人们内心最直接、最彻底的愿望，而在现实中却又得不到的东西。荣格的一项实验结果表明，一个非常想要结婚的女人却总是做一个关于离婚的梦。而另一个关于抑郁症患者的梦则表明，一些抑郁症患者的梦境都是开心快乐的，这跟他们清醒时忧郁的心情截然相反。对此，荣格指出，正是因为这些

抑郁症患者白天非常痛苦，所以他们在梦中极度渴望快乐。基于梦和现实是相反的观点，一旦某个抑郁症患者的梦境变得痛苦了，可能说明这个人就要康复了。

第三，梦里为什么会见到陌生人，去陌生的地方？

对人类学习和记忆进行实验研究的第一人赫尔曼·艾宾浩斯曾指出，梦见陌生人和去陌生的地方是由于人的无意识记忆和右脑的无逻辑性引起的。艾宾浩斯在诸多研究中发现，人的记忆分为两种，即无意识记忆和有意识记忆。比如，你走在大街上，看见了几辆非常名贵的轿车和几幢摩天大楼，实际上除了轿车和大楼以外的东西也已经进入了你的记忆，只不过你没有意识到而已。而在梦中，它们就都会跑出来。但是由于右脑的无逻辑性，进入梦中的人和地方会张冠李戴。比如，有这张脸的人却是那个人的身份，这个地方的事物却在另一个地方出现。而这些都会令你觉得很陌生，所以你认为梦到了陌生的人，去了陌生地方。事实上，这都源于人的无意识记忆和右脑的无逻辑性。

第四，为什么有的人能清晰地描述自己的梦，有的人却不能呢？

差异心理学之父弗朗西斯·高尔顿指出，能否清晰地描述自己的梦境主要与梦的强弱程度（梦境持续的时间）有关——梦境持续的时间越长，人便越容易记住梦并清晰地描述出来。相反，梦境持续的时间较短，记住和描述出梦的可能性就越小。这也是很多人梦醒之后怎么也想不起来梦中的情形的原因。此外，高尔顿还认为，这与人的记忆力好坏也有关系。但是，荣格曾经指出，强度大的梦会在人的大脑细胞中留下深深的痕迹，并使大脑得不到充足的休息导致疲劳等不良后果。所以，做梦最好以梦醒之后知道做过一场梦但又不能回忆起具体的梦境为度。

此外，关于梦的心理疑问，大多数人都很想知道：人能否进入别人的梦呢？在电影《盗梦空间》中，由于盗梦者能够进入别人的梦，因此他拥有了能够改变别人的思维的能力。就此而论，荣格曾经做过一项实验，实验结果表明，使用催眠的方式能够进入被催眠者的梦境。因为催眠能够控制一个人的注意力，当这个人进入睡眠状态时，注意力会降低，但当听觉还和催眠者的语言相联系时，催眠者便可以进入被催眠者的梦境，同时通过语言和被催眠者进行潜意识的交流，甚至还可以把被催眠者无序的梦引导得有序，达到调整心理状态的目的。

2. 梦的实质到底是什么

在对梦的实质的研究方面，精神分析学派的许多大家在临床观察的基础上都做出了有价值的阐述。精神分析学派创始人弗洛伊德认为，梦是一种（被压抑或被抑制）愿望的（经过伪装）的满足。实际上，梦源于人类个体的潜意识，其主要的功能就是本能的冲动和欲求，于是梦便成了人们不可能实现的愿望的实现，是人们深深隐藏的冲动和欲望的表现，也是通向人类潜意识的捷径。其实，潜意识中的愿望是梦形成的潜在动因，而且梦是建立在被压抑和抑制的基础上的，它是人们真正得以实现愿望的变形产物。因此，梦是不自由的，它是由潜意识中的愿望和压抑所决定的。弗洛伊德解释说，也正是因为如此，人们才会在梦中有一种被束缚伸展不开手脚的感觉。

弗洛伊德将梦分为两个层面，即"显梦"和"隐梦"。显梦是人们梦醒后回想起的梦的内容，隐梦则是蕴含于显梦中的梦的真正含义。弗洛伊德认为，通过分析精神病人的梦境，可以发现患者的症结所在，从而有目的地进行下一步的治疗。更重要的是，弗洛伊德还指出，可以对梦进行人为的控制，从而减轻精神病患者的痛苦。由于精神病患者的神经活动每天都处于紧张的状态中，因而在进入睡眠状态后，由于条件的反射容易引起诸多噩梦。所以通过人为地对梦进行控制，可以避免或改变精神病人的梦境，而这也是治疗精神病患者的一种有效的心理疗法。

弗洛伊德曾在夜间做过这样一个实验：他让被测试者都进入睡眠状态，并在屏蔽室外面观察，当看见他们有快速眼动现象（开始做梦）时，便进去对其进行干预。他分别用了两种方法，一种是拿一个装满清水的喷雾器，将水雾喷在被测试者的头上，然后再将其推醒，问他梦见了什么。有人说："天哪，梦见好大的雨。"也有人说："吓死人了，我掉到了海里，怎么游也上不了岸！"总之，绝大多数被测试者梦到的内容都离不开水。通过这个实验，弗洛伊德得出一个结论，那就是人的梦境与做梦者身处的睡眠的外部环境有关。因而，只要改变做梦者睡眠时的外部环境，便可以达到改变做梦者梦境的目的。

但改变做梦者的梦境有一个前提，即如何才能得知做梦者的梦究竟是好梦还是噩梦呢？如果是前者，那当然是不用改变的了。至于如何识别噩梦，其外在体现其实有很多。一般而言，人在做噩梦时会间歇性地发出叫喊或哭泣的声音，脸上还带有紧张、惊恐，甚至面部抽搐等表情，同时还会出现冒冷汗、心跳加速、呼吸急促等症状。比如，做梦者梦见自己掉进了无底深渊时，时常会发出惊叫声，并且面色苍白，带有明显的恐惧表情等。如果做梦者梦见被人掐住喉咙，便会出现极度惊惧、面部抽搐等情形。而当做梦者梦见被心爱的人抛弃时，便会发出哭泣的声音，并且已有的一项实验结果表明，梦见被心爱的对象抛弃的人醒来时，其双手会伸向前方作挽留状。弗洛伊德通过分析认为，人在做噩梦时的恐惧感丝毫不亚于白天遭遇到可怕的事情的恐惧程度。

那么，在得知做梦者处于噩梦状态时，如何才能有效地利用改变外部环境来改变梦者的梦境呢？对此，弗洛伊德讲述了曾经发生的一个案例。奥斯汀·卡拉尔是一名轻度精神病患者，她每晚都会做噩梦。与此同时，她的腿也总是不停地前后伸缩，似乎是被一个坏人胁迫着要跑很长的一段路。为此她每次醒来都累得大汗淋漓，不断喘气。于是，卡拉尔向弗洛伊德寻求解决的方法。对于这种情况，弗洛伊德建议卡拉尔每晚睡觉前将双腿放平，并用绳子固定在床上，结果卡拉尔再也没有做过类似的噩梦。

由此可以看出，梦境还受睡觉姿势的影响。事实上，处于睡眠状态时人的姿势的确会对梦境产生刺激性影响，如一条腿压住另一条腿，通常会梦到被人追赶却跑不动，而当下颌被枕头压迫时往往会梦见掉牙齿，人们深有体会的便是前胸，即心脏部位被手压迫，这时在梦中便会面临各种各样的可怕事件，但却无法动弹。所以，通过改变睡眠环境或睡姿可以改变人的梦境，进而达到减轻噩梦程度或消除噩梦的目的。然而，弗洛伊德发现，这种方法对于那些噩梦连连的精神分裂症、癫痫症和发作性睡症患者却起不到什么作用，因为他们总是比正常人要提前30~60分钟进入梦境，而且梦的数量很多，其中噩梦占较大的比例。而正常人一般在入睡后的60~90分钟才会做梦，并且梦的数量很少。

弗洛伊德曾对几名正常人做了实验，他在被测试者进入睡眠状态半小时后便把他们叫醒，如此反复几天后他发现，正常人的做梦时间也会提前，即他们也会像那些精神病患者一样在入睡后很短的时间内就进入梦境。于是弗洛伊德在想，如果可以延长这些精神病患者进入梦境的时间，使他们趋于正常人，那么他们的梦的数量就可以减少，从而用改变睡眠环境和睡姿的治疗方式消除噩梦也就相对容易多了。

然而，对于弗洛伊德的"梦是一种（被压抑或被抑制）愿望的（经过伪装）的满足"这一观点，心理分析学派创始人荣格却不这样认为。在荣格看来，梦是心灵的产物，而心灵是"自然的"而非机械性的，更不能用人类带有物质性、欲望性的愿望去诠释。荣格认为，梦除了遵循因果决定论以外，还应遵循潜意识论的原则。他曾这样对梦进行描述："梦是以象征的形式对潜意识中的真情实景自然而然所产生的自画像。"也就是说，梦的实质其实是源于潜意识或潜意识的原型。在他看来，个体看似片面、肤浅的梦其实和人类的文化历史种族的集体潜意识紧密相连，而集体潜意识中的各种原始意象也会以原始的象征方式呈现在梦境中。也就是说，梦是个人潜意识和集体潜意识的交互体现，而后者比前者更为重要。

而对于弗洛伊德提出的用改变睡眠环境和睡姿的方式改变人的梦境的方法，荣格一直持反对意见。荣格认为，梦和人类的现实生活一样，都应该遵循一个自然的原则和秩序，而不是用人为的方式对其进行操控性的干扰和改变，这样做只会让梦得不到真实的体现，同时还会严重扰乱脑细胞的自然活动和发展，从而给人的大脑造成一定程度的伤害，甚至还会造成神经错乱。更重要的是，荣格指出，贸然对一个正在做梦的人进行干扰甚至突然叫醒是一件极其"危险"的事，因为梦境和现实的反差越大，对人的情感的冲击也就越大，这样做只会对做梦者造成过度惊吓，从而使做梦者的神经变得异常脆弱。

对于荣格的这个观点，弗洛伊德很不以为然。他反而认为，当人在做噩梦时，一定要及时把对方叫醒，因为在梦魇的过程中很容易给对方的精神上造成痛苦和伤害。如果未能及时将对方叫醒，当这个人醒来后便会带有焦虑不安、沮丧的情绪，从而造成在生活中反应迟钝、失眠抑郁、精神紧张等不良症状。如果这样的情况反复出现，就会对人的健康造成极大的威胁。在这一点上荣格认为，为了阻止一个人做噩梦，可以轻轻推动做梦者的身体，或用足够轻柔的语言试图唤醒做梦者，但弗洛伊德对此并不认同，因为他始终认为，这样做根本无法将梦者唤醒，尤其是处于噩梦当中的人。

对于弗洛伊德和荣格这两种截然不同的观点，外界颇有微词。一些人认为，这是两人故意在抬杠，因为他们自从分道扬镳后都对彼此感到相当不满甚至憎恨。但更多的人却认为，他们不是如此小肚鸡肠的人，他们的决裂也纯粹是因为在学术上的观点不同而已，就像他们对"梦"的观点存在分歧一样。瑞士存在分析学创始人之一梅达特·鲍斯也认同后一种观点，并且相对而言，他还是比较支持荣格的"梦是一种心灵产物"的观点。从存在心理学的基础上分析，他认为梦是因为心灵而存在的，人的存在也是自然的，并拥有一个完整的心灵，而不是作为主体与客体、精神与肉体、意志与本能等的二元分裂而存在，因此不能根据人为的自我因素来干扰和改变，那几乎是对心灵的一种破坏。因为梦存在的根本目的就是为了将心灵的意象真实地展露出来，而梦的本质就是心灵的存在。

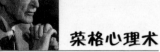
　　然而，深受弗洛伊德精神分析影响的个体心理学创始人尔弗雷德·阿德勒认为，弗洛伊德对梦的实质的分析是面面俱到的，也是极其正确和客观的。阿德勒认为，梦的实质其实源于个体对自卑的补偿与追求优越感的潜意识动机，表现的是内心得不到满足的愿望和欲求，所以他也极其赞同弗洛伊德早期提出的"梦是一个表面"的观点，即否定荣格的"梦是心灵的产物"的观点。

　　由此可见，虽然精神分析学派的各种观点都很有吸引力，并且都在各自的精神病治疗和心理研究中取得了较好的效果，但却很难得出一个明确的结论，而且也很难对其进行相关证实。毕竟，在凡事讲求依据的科学领域中，梦并不是作为一种客观现象存在的。

3. 什么样的释梦是准确和可信的

　　在荣格看来，任何释梦都应该以一种心理学理论为前提条件，以一种对人的生理、心灵，乃至人与宇宙的关系的理解作为指导。就像任何理念都应该以接近真理为前提那样，释梦背后的理论也应该是一个从不完善到趋向完善再到成为真理的过程。荣格曾经说过："一个梦就像投入湖心的石子一样，一圈又一圈的涟漪便是它的回音。人们从不同的角度出发，有的人看到了它的一道涟漪，而有的人则看到了另一道。但不管你所看到的是哪一道涟漪，都应该不断地探索整个过程，这样才能更全面、更准确地理解它。"

　　弗洛伊德和荣格曾对同一个梦进行分析，此梦是一位名叫爱丽斯·贝塔萨的女士做的。在贝塔萨30岁那年，她梦见自己儿时的一位邻居的哥哥的妻子死了，而这个死了妻子的男人忽然向她求婚，请求她嫁给他。

对于这个梦，弗洛伊德认为这是一个典型的满足愿望的梦。或许贝塔萨早就暗恋着那个男人，所以她希望那个男人的妻子能够死去，自己正好取代那个位置。这样的解释是有道理的，因为贝塔萨也说，她渴望那个男人的妻子能够早点儿死去——她从小就幻想着那个温和而又儒雅的男人将来能够成为自己的丈夫。

然而，荣格却不认同弗洛伊德的释梦。他认为，这个梦是个人人格整合的梦，梦中那个死了妻子的男人是做梦者的阿尼玛斯原型。他的"求婚"意味着做梦者的阿尼玛斯与做梦者现有人格的整合，而梦中那个男人的妻子的死则意味着做梦者一种旧的人格面具将被新的东西所取代。

荣格通过分析认为，贝塔萨的邻居的哥哥的那位妻子的性格应该是传统而保守的。而这个梦的意思就是：原始人提醒做梦者要改变传统和保守的性格及观念，把自己所向往的温和而又儒雅的性格整合进来。这样的解释也是有道理的，因为贝塔萨的性格确实有传统、保守的一面，而她也时常因为焦虑、烦躁而发脾气，所以她总是希望自己的性格能够变得温和而又儒雅一些。

在释梦方面，弗洛伊德一直认为梦就像是脱缰的野马一样，有一种无法自制的冲动，原始的欲望就是它的本性，满足欲望便是它的目的。而荣格则总是将梦看作是人生的一种启迪，是人的潜意识在努力使整个心理更趋于平衡、和谐与合理，因为这会为做梦者人格的完善打开一扇窗。而对于同一个梦，用弗洛伊德的理解层面来解释看似是正确的，用荣格的分析层面来解释似乎也同样是正确的。

那么，究竟谁对梦的解释更可信和更准确呢？有人认为，这取决于人们更倾向于哪种释梦。其实不然，事实上，当一个释梦者对一个梦做出解释后，做梦者也会发出这样的疑问："你是根据什么来释梦的呢？"可见，在释梦可信的基础上还应该有判定对梦的解释是否可靠、是否准确的原则。正如荣格所说："梦的解释也要有一把尺子。"

判定梦的解释的可信程度和准确程度有以下几个方面的原则：

第一个原则是梦的解释本身应该没有内在矛盾，至少可以说明梦的部分内容。也就是说，释梦者对于梦的解释至少要能够言之有理，并能自圆其说，对梦的大部分内容都可以进行合情合理的解释，如果这种解释能够说明梦境中所有细节的意义，无疑是最好的了。下面来看一下荣格对他的一个朋友的梦的解析：

"夏天，我正走在大街上，戴着一顶形状奇特、完好无损的草帽，帽子的中间部分向上隆起，帽檐部分向下垂落，而且一边比另一边垂得更低一些。我心情愉悦并充满了自信，当我走过一些年轻军官的身边时，尽管他们的眼睛都发直了，但我心想他们并不能对我怎么样。"

荣格的解释是："梦中那顶'中间部分向上隆起，两边部分下垂'的帽子实际上意味着男性的整个生殖器官。而当她走过一些年轻军官的身边时，尽管他们的眼睛都发直了，但她认为他们并不能把自己怎么样。实际上，这个细节是说那些军官都垂涎她的美色，但他们根本无法诱惑她。从这一点上来看，还可以将那顶帽子理解成她丈夫的生殖器官，因为如果她的丈夫具有那样完好无损的生殖器，她当然不会被其他人诱惑。"荣格对这个梦的解释是可以自圆其说的，而且所有细节都得到了合理的解释，各个细节的解释也能相互串联为一个整体。因此，这个解释是有一定的可靠性的。

其实，这个原则和科学家对现象做出解释时的原则本质是一样的。如果一个物理学家提出一个理论，而且这个理论不自相矛盾，能够解释绝大多数物理现象，那么人们就更加容易接受这个理论，并承认它的准确性。这其实就是一种微型原则，即尽量用少的定理（具有象征性的）说明尽量多的现象。无论是物理现象还是梦的解释都应该如此，就像上述荣格的释梦那样，用一个"性象征"解释了梦中的所有细节。

仅满足第一个原则还不能说这个解释就一定是准确的。一个成功的释梦至少还要满足第二个原则，即做梦者听了释梦者的解释后，应该能够感受到这种解释有一定的道理，甚至产生恍然大悟的感觉。美国心理学家威廉·詹姆斯曾经指出："做梦者自己虽然不能解释自己的梦，但却可以凭'直觉'判断出某种释梦是否准确可信。"如果释梦者对梦的解释令做梦者感觉可信又准确，那么很多时候做梦者会产生一种恍然大悟的感觉，而且也会对这个解释坚信不疑。

就此而论，荣格分析认为，实际上做梦者的潜意识是知道这个答案的，只是他们无法让这个答案进入自己的意识。一旦正确的解释出现，做梦者的潜意识便立即向梦者的意识反馈这个信息，从而在梦者的意识中得到证实。由此可见，释梦者对梦的准确解释可以将梦者的潜意识和意识"打通"。

但是，有时候做梦者听到释梦者的解释之后坚决不承认这个解释是正确的，这并不意味着这个解释就一定是错误的。如果做梦者反对时情绪略显平和，那么这个解释有可能是错误的，但如果做梦者反对时情绪过于激烈，那么这个解释也许反而是正确的。荣格指出，这说明释梦者的解释击中了梦者的要害，并揭开了他（她）的某个伤疤，展示了其不敢面对现实的一面。尽管他们内心意识到了这个解释是正确的，但是他们害怕让别人看到他们的真实内心，同时也没有面对自己的勇气和决心。出于种种顾虑以及自我内心保护的原因，他们才会强烈地否定释梦者正确的解释。

第三个原则也是最为关键的一个原则，即释梦应该能够说明或揭示一些梦和梦以外的生活事件的关系（梦的外在证据），并能预测或推断未发生的一些生活事件。其实，这个原则类似于物理学判断推理好坏的原则——好的物理学理论应该能预测出未发生的物理事件，而成功的释梦也应该可以预测或推断一些未知的内容。从上述荣格对"帽子"一梦的解释来讲，荣格之所以坚信他的解释是可信且准确的，还有以下两个理由：

（1）这个梦的主题是"如果我丈夫的生殖器完好，我就不会被其他人诱惑"。这个梦揭示出做这个梦的女士有社交恐惧症，她担心独自一人在外会受到男人的诱惑。很显然，这个梦的主题与这个女士颇为烦恼的社交恐惧症的关系极为密切。

（2）根据荣格对帽子是男人的生殖器官的解释，帽檐应该代表睾丸，梦里面的帽檐一边比另一边垂得更低。事实证明，后来这个女士告诉荣格，她丈夫的睾丸的确是一个比另一个要低。而这一外在的证据很有说服力，根据荣格释梦的经验，他认为，只要通过解释梦境就能够推断出与做梦者生活有关的一些人和事，这也会令做梦者很信服地接受这个解释。

其实，对于第三个释梦原则，弗洛伊德也极为赞同，这源于他的一次释梦经历。弗洛伊德在美国有一位朋友叫麦亚迪，他打电话告诉弗洛伊德，自己连续几个月总是做着同样一个梦。梦中的他总是在赶火车，可当他到达车站时，火车却刚刚开走。弗洛伊德对这个梦的解释是，那段时间麦亚迪可能正面临着某种机会，而他又十分担心自己赶不上那个机会。后来经麦亚迪证实，弗洛伊德对这个梦的解释是正确的。

当然，这些释梦的原则是用以判断释梦者对梦的解释的可信度和准确度的。通过这些释梦原则来解释梦境，相信梦的解释是有意义的。并且，依靠它们可以对释梦者的说法进行检验。此外，荣格还曾提出了有关释梦的根据，他说："释梦者在解释梦时不仅应该注意到做梦者白天所经历的事，还应该了解做梦者的一些心理状况。"而弗洛伊德认为，释梦的根据不仅和做梦者生活中的一些琐事有关，还应该追溯到做梦者童年时期的一些经历，因为童年时期的一些创伤是导致人们做梦的深层原因。

4. 梦以外的线索和直觉的力量

弗洛伊德认为，很多时候，仅仅通过梦本身是无法弄清梦的真正含意的，或者即便是对梦的含意做出了解释也无法把握其准确性。这就需要靠梦以外的旁证材料，也就是梦以外的线索或者证据来帮助和启发释梦者。

那么，这个线索或证据到底指的是什么呢？"做梦者在做梦前做了什么事情？或者想到了什么？又或者遇见了些什么人？通过这些问题极有可能发现一些关于该梦的线索。"这是弗洛伊德给出的答案。他认为，梦和做梦者白天所经历的事、遇到的人有着必然的联系，特别是与白天发生的某些重大事件密切相关。此外，释梦者还需要了解做梦者是一个什么样的人，近期的情绪状态如何，这样有助于释梦者尽可能多地发现一些线索。

1935 年，奥地利萨尔茨堡大学的一位名叫阿拉尔·伊凡卡的学生总是做这样一个梦："伊凡卡走进一幢光线很灰暗的房子，房间里很乱，这时突然有几个人拿着枪冲了进来，并朝他开枪。他猛地端起手中的冲锋枪向那些人扫射，把所有的人都打倒后，他转身走出了房子，并悠然地点上一根烟，然后又拿出一枚手榴弹向房屋扔去，房屋立即就被炸毁了。这时，他忽然意识到自己的书本遗落在房屋里了，可屋子已经变成一片瓦砾，显然是很难再找到了。于是，他转念一想，没了书本也无所谓。"

伊凡卡找到弗洛伊德，要求他为自己释梦。对此，弗洛伊德问了一些相关问题，比如伊凡卡在当天都干了些什么。伊凡卡说，做梦的当天他看了一部名叫《最后的英雄》的电影，他突然记起，电影中有一段场景与他的梦极其相似。之后，弗洛伊德又问了伊凡卡在学校的状况。伊凡卡如实地告诉弗洛伊德，他是一个很贪玩还不愿意受约束的人，并且他很讨厌到处都是规定的学校环境，并不止一次地抱怨过，甚至还产生了一种将学校炸掉的想法，但这个想法只是一闪而过。此外，弗洛伊德还了解到，伊凡卡在这一学期没有用心学习，当时又面临着他极为讨厌和恐惧的期末考试。于是，弗洛伊德认为：伊凡卡梦中的光线有些灰暗的房子实际上是指学校，梦中杀敌、炸毁房子实际上是伊凡卡发泄被学校环境压抑的情绪。而书本落在被炸毁的房屋中，其实正代表着伊凡卡此时"功课落下，害怕考试通不过"的不安心理。而由于伊凡卡平时对功课本身就抱有无所谓的心理，所以也就不在乎落在房屋中的书本了。

最后，弗洛伊德还预言，伊凡卡在期末考试中将有半数以上的功课不及格。伊凡卡认为弗洛伊德对自己的梦的解释太准确了，因为这完全是他的心理写照。果然，伊凡卡在那次期末考试中的确有半数以上的功课没有及格。可见，用梦以外的旁证材料，即梦以外的线索或证据来释梦会提高释梦的准确性和客观性。同样，美国心理学家弗洛姆也采用梦以外的线索和证据成功地解释了很多梦。因此，弗洛伊德得出了一个结论：如果印证的梦以外的线索和证据越多，则说明释梦的可信度和准确度越高。

然而，对于弗洛伊德用梦以外的线索来掌握释梦的可信度和准确度这一观点，心理分析学派创始人荣格有不同的观点。荣格认为，在释梦时，直觉的力量大于梦以外的线索。而对于荣格的这一观点，许多科学家并不认同，因为一谈到直觉就容易使人感到不客观、不可靠，甚至不科学。他们给直觉的定论是：一种没有思维、没有逻辑且只告诉人们结论而不告诉人们得到这个结论的过程的难以置信的活动。

但是，在经过长期释梦的实践之后，荣格很明确地指出："作为一个释梦者，不能否认直觉的作用和力量。"其实，很多时候，当释梦者在听完一个梦之后，他的直觉马上就会给出一个解释，而且是发自内心的，无论这个解释是否准确，至少它是真切的。荣格说："我总是向自己提一些问题，并核实一些信息和情况，之后我发现直觉的确是对的，但我不知道直觉是如何知道结论的。我可以不提直觉的作用，甚至不利用直觉而是直接用我的理论和方法来解释所有的梦，并且最终也可以得出与直觉相同的结论。这显然是不公正的，那些明知直觉是对的却否定直觉的人好像是一个自私的上级，总是将功劳算在自己身上。"

在荣格眼里，科学完全不像一些人或科学家本身所想象的那样——完全是严谨的思维而没有直觉的地位。相反，荣格认为，在科学中直觉起着极为重要的作用。物理学家爱因斯坦有一次听到一种理论后，直觉给他的反应是"这是错误的"，他没有经过任何运算便得出了这个结论，而这个结论是相当正确的。当别人问他理由时，他说："直觉告诉我，这个理论不完美。"可见，直觉往往先告诉人们结论，而后人们再为这些结论找证据。

所以，心理学家更不能忽视直觉的作用和力量。美国机能主义心理学和实用主义哲学的先驱威廉·詹姆斯曾说："物理学家用仪器，心理学家更需要用仪器，心理学最重要的'仪器'便是我们自己的心，而直觉就是这个仪器的测量仪，任何时候我们都不应该忽视这个仪器。"同样，行为主义学派最负盛名的代表人物——被称为"彻底的行为主义者"的伯尔赫斯·弗雷德里克·斯金纳也曾这样说过："我们固然不能轻信直觉，但是也不能不用直觉，尤其是不能用客观条件去要求的梦。"

在荣格看来，释梦者对梦的意义的直觉了解能力是可以变化的。你解释的梦越多，你的直觉就越准确。对此，荣格在1918年时表示："当我在十几年前开始释梦时，我几乎得不到直觉的任何帮助。但几年后，我发现直觉是可以帮到我的，而现在我的直觉的确帮助了我不少，而且它们都相当准确。"荣格指出，其实直觉并不神秘，它是可以释梦的。所谓直觉，就是潜意识的活动，就是人们自己内心的那个"原始人"的活动。释梦的直觉大致代表两个能力：一是释梦者的潜意识能够理解梦者的潜意识心理活动的能力，二是自己能够理解自己的潜意识心理活动的能力。换句话说，即你的直觉了解别人的梦需要两个条件：一是你的"原始人"能理解别人的"原始人"的梦，二是自己能够理解自己的"原始人"。这样一来，在别人讲述梦境时，只有你的潜意识理解了，才能和做梦者的潜意识进行交流，从而理解梦。

所以，要有好的直觉——释梦者的潜意识能够理解梦者的潜意识活动，而这种能力就是心理学界所说的"共情"能力——一种从心里设身处地地理解和洞察别人的内心的能力。除此之外，释梦者自己也要了解自己的潜意识，这种能力源于释梦者通过大量的自我分析和释梦的经验，以达到对自己的潜意识和梦十分了解的程度。

对于弗洛伊德所提出的主张用梦以外的线索和证据来释梦与荣格提出的主张用直觉来释梦这两种截然不同的观点，心理学家们普遍认为 从事物客观性的角度来说，用梦以外的线索和证据来释梦，这种方法的可信度固然较高，但梦并不是作为一种客观事物存在的，如果总是用客观线索和证据来释梦，那么释梦者容易陷入一种"先入为主"的误区，从而无法对梦做出准确的解释，并且容易误导做梦者的思维，而可信度高的东西并不一定就是准确的。倘若用直觉释梦，其准确度更高，甚至从梦的本质上而言，直觉释梦更为科学。正如前面所说，"所谓直觉，就是潜意识的活动。"而梦是受潜意识支配的，所以从梦的本质上而言，用直觉来释梦更为科学和准确。

所以，如果一个释梦者能够用直觉来进行释梦，可以说他已经达到释梦的较高境界了。受梦学影响并对梦学深有研究的新精神分析派的代表人物艾里克森就曾指出："一个出色的释梦者必须对梦有敏锐的直觉感知能力，有了直觉，在听做梦者讲述梦境以及释梦时便有一种大致的感觉和方向。释梦者感觉到一种氛围、一种意象、一种领悟，而在释梦结束之后也能有一种妙不可言的感觉。"

然而，荣格还表示："我发现，当许多人来找我释梦时，一开始我的直觉相当灵敏，也解释得很准确，但是连续解释了6～7个梦之后，我的直觉就开始变得不太灵敏了，仿佛直觉也会受心理上的疲劳所影响。"因此，释

梦也需要有个度，从这一点可以看出，释梦就像文艺创作一样，也是需要灵感的，而用直觉释梦很大程度上也是来源于灵感。

5. 打开释梦的大门，做自己的解梦师

要想学会释梦，必须要从解释自己的梦开始。为什么呢？荣格指出，只有自己才最了解自己，比如白天做了什么事？对什么事情存在担忧？童年时期遭受过哪些心理创伤？梦中的人或物与生活中的什么相似？这些只有你自己知道，因此自己的梦是最容易解释的。对于别人的梦，你毕竟不够了解。当然，你也可以问做梦者，让做梦者联想等，但如果你是一个没有经验的释梦初学者，你不一定知道应该问什么，不一定能分辨哪件事与梦可能有关联。就如一个新出道的记者在采访时不一定能问得恰当，也不一定能问出结果。

另外，别人对你或多或少总会有些隐瞒，这样也会加大释梦的难度，可以说只有自己不会隐瞒自己。因而，对于释梦初学者而言，一定要先学会解释自己的梦，在对梦的规律和释梦的方法有一定的感觉和了解后，在为别人释梦时才能更容易发现事情的真相。

荣格认为，不论何种层次的释梦，释梦者都应该了解潜意识，即进入人的心灵的过程。而释梦的真正价值和意义也在于帮助梦者的心灵更加健康，心理更舒畅，人格更健全。如果先解释自己的梦，则可以使自己的全部心灵更趋成熟和健全。然后，再以这样的心灵面貌走进亲人、朋友以及陌生人的心灵，为他们释梦，这样才真正对他们有帮助。否则，如果自己尚不了解自己，

或自己的全部心灵尚不成熟，释梦时难免会遇到自己不成熟的心灵的投射，从而误导做梦者。不仅如此，更重要的是，当释梦者的心理不健康时，释梦很容易就变成了窥探别人内心秘密的恶意行为。

事实上，荣格之所以这样认为，是由于他也是从解释自己的梦开始的。他认为，比较好的方法就是在早晨醒来后，躺在床上静静地对自己的梦做出更加合理的解释。如果平时比较忙，可以利用周六、周日的早晨做此练习。需要提醒人们的是，不要在起床后再释梦，也不要等到中午之后再释梦，因为梦的遗忘速度是相当快的。荣格在练习释梦时曾经做过这样一个实验：一天早晨醒来后，荣格决定洗完脸再释梦，结果发现梦中的许多细节都在洗完脸后记不起来了。荣格心想，再晚一会儿有可能会将整个梦都忘记了。

当然，如果有的人确实不便在第二天醒来后及时释梦，特别是那些又长又复杂的梦，那么不妨在床上用笔将整个梦记录下来，等有时间了再释梦。但是，也不应该等得太久，因为人在刚刚醒来后内心仍然处在梦境中，这样容易将梦解释得更准确。当你给自己解释了几个梦，有了一定的经验之后，就可以试着给身边熟悉的亲人、朋友释梦了。而当你的释梦技巧进一步提高之后，便可以为陌生人释梦了。

与此同时，荣格还指出，释梦初学者还需要了解不同做梦者之间的梦的差异。事实上，男人、女人、老人、小孩等不同人的梦的含意也各不相同，对其差异有所了解，这对释梦者，尤其是释梦初学者有很大的帮助。例如：一个小男孩梦见自己飞上了天空。这对小男孩来说是好梦，象征着自由和成功，而对老人则未必是好梦了。相反，这个梦极有可能就是死亡的象征，因为对老人而言，"上天"即是死亡的象征。

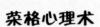

其实，儿童的梦的主题较为简单，除了简单的愿望得到满足之外，大多是和父母、老师等有关的梦，这是儿童的梦的要点。而老人的梦和儿童的梦一样，主题也较为简单。其较为常见的主题有两个：一是对过往的回忆，二是疾病与死亡。人一旦慢慢老去，深感时日无多，便会不由自主地回顾人生，为自己的一生做一个评价，因而在梦中会出现一些回忆的情景。如果做梦者一生都过得比较惬意，没有多少值得后悔的事情，那么这个梦可能是平静而快乐的。相反，则会是忧郁的梦或者噩梦。另外，在老人的梦中较为常见的就是疾病和死亡，这反映出老人对死亡深深的忧虑感。

事实上，较为复杂的梦便是年轻男女的梦。美国杰出的心理学家霍尔博士和范德卡斯尔博士发现，年轻女性和年轻男性的梦迥然不同，而正是这种不同甚至可以使熟练的释梦者通过梦境辨别出做梦者是男是女。

女性的梦境多数在室内，而且通常是她们较为熟悉的环境，例如家、办公室、教室等。而女性梦中的人物也比男性梦中的人物数量要多一些，其中女性占梦中人物的比例稍大，而梦中的主角则是男女各半。此外，女性梦中的主角以熟人居多，他们的面容都能被做梦者生动地加以回忆。而且，女性不常做带有进攻性质的梦，暴力的梦就更少了。即便有，她们在梦中通常只是骂人而不动手打人。在她们的梦中，敌人多为女性，而她们在梦中通常和男人比较友好。这似乎跟女性在现实中的交友现象差不多。

然而，男性的梦则不同，男性梦中的地点大都在室外，且梦到体力活动的居多。男性的许多梦通常带有敌意，而在约半数的带有敌意的梦中，他们都会对另一些男性进行肉体攻击，而被攻击者多为陌生男性。并且在男性的梦中，男主角往往是女主角的两倍，而梦中男性的角色不仅是熟人，还有很多陌生男人。

通常，在男性的梦中，男性对女性要更友好一些。而在男性的梦中出现的女性多为男性做梦者认识的女性。这些比较意义或许不是很大，因为在释梦者释梦时这些并不能提供什么帮助，但下面这些男女的梦的差别对释梦却有一定的作用。比如，青年女性的梦多与恋爱主题有关，而青年男子的梦则多是关于社会地位之类的内容。

此外，对"梦"颇有研究的心理学家查尔斯·莱格夫特还指出：中年女性比中年男性更容易做焦虑和婚外情的梦，这也是中年女性的梦的主题。因为女性到了中年容貌和身体都不如年轻女孩那般具有吸引力，所以她们在梦中会感到焦虑和不安。同时，她们又担心丈夫对自己的感情逐渐平淡，担心他们把精力投入到事业上或其他兴趣上，而无法抽出时间陪伴她们，于是得不到满足的她们便幻想着一次浪漫的奇遇。但中年女性的这种梦通常只是一种幻想而已，很少有人将之付诸行动，因此不必太在意。不过，中年女性可以以梦为契机，谈论一下如何改善夫妻关系。而中年男性的梦则一般以事业、竞争等为主题。

可见，不同性别、不同年龄段的人的梦都是不同的。当你在释梦时，一定要参考梦者的性别，以及各个年龄段的人梦的常见主题，并想一想做梦者当前最关心或最担心的是什么事，这样可以对释梦者有所帮助和启发。荣格曾说："通常，我在释梦时都会通过梦者的性别、年龄，以及职业、生活背景等材料去判断梦的意义。"

6. 释梦比读心术更好用

一直以来，心理学家、哲学家以及精神病学家都在孜孜不倦地探索和研究一个问题：释梦的价值到底是什么？荣格认为，释梦的价值不在于这个梦到底是什么，而在于它对做梦者的人生启示，以及对做梦者人生的完善有着什么样的价值。正是在这个前提下，现代的一些解梦者才会用不同的理论背景来解释各个梦境的含意，而解释的结果都可能是正确的。但这并不重要，重要的是这对梦者的心灵和成长有着怎样的意义。

事实上，真正懂得梦的含意的人很少。即便是现在，科学对于梦的了解，也远远比不上对于阿米巴虫、海星的了解，甚至有人觉得根本没有必要了解梦的意义，因为他们认为梦不是客观存在的。但是从另一方面来讲，科学家研究阿米巴虫、海星等，对生存又有着多大的意义呢？比起这些，梦和人们的联系似乎要紧密得多，而不为人们所知的是，释梦对人们生活所起的作用也是相当大的。

第一，释梦可以识破梦中的鬼魅，消除迷信心理。

释梦可以让人们知道某个梦的意思，也就是让人们知道那是怎么一回事，这是释梦的实用价值之一。

事实上，人类是地球上最爱探索的动物，当人们没有发现梦的真正含意时，就不得不接受一些关于梦的迷信说法，以此来消除认识上的饥渴。久而久之，一些有关于梦的迷信说法在人们的心中变得难以消除，甚至根深蒂固。

而释梦（这里指的是科学的释梦）不仅可以阻止迷信的散播，还可以彻底消除迷信。例如，一个孩子在梦里看到一个可怕的白影子，之后发现那是鬼怪。醒来后，只要看到白色的影子，便认为那是鬼怪现身了。当然，这是迷信的看法，而科学的做法会使得父母不会让孩子因为害怕而躲开白影子，而是带孩子去弄清并讲解那个白影子到底是怎么一回事。因此，释梦就是让人们看清梦的背后到底是什么，看清之后，迷信的谬误自然也就不攻自破了。

第二，释梦可以帮助做梦者正视自己的潜意识。

荣格曾在他的笔记中写道："如果将我们心灵的领域比作一座园林，这或许应该说是一座夜间的园林。除了一间房子里亮着灯火以外，房外的一切都处于一片黑暗之中。偶尔借助点点星光，我们可以隐约地看到房外的事物，但那一切都是变形的，树林高得吓人，池塘里闪着奇异的光，假山的洞穴也变得神秘无比。事实上，亮着灯的房子是我们的意识，对意识中的一切我们看得很清楚，而房子外的黑暗区域便是我们的潜意识，这是我们自己也不太了解的心灵的一部分，但它却潜藏着我们内心深处的情感和意念。"

荣格指出，在生活中，许多人都把亮着灯的房子当成自己的心灵，并且认为自己完全了解自己。然而，他们有些时候也会被一种难以控制的情感所左右，但却不知道这种情感的来由。事实上，这种情感就是他们的潜意识，即房子外的黑暗领域，只是他们没有意识到而已。但黑暗中的风声、虫鸣等会传进房子里，不管你是否意识到了潜意识的存在，潜意识中的东西都会对你产生一定的影响。

荣格一直认为，梦是接收到潜意识的指令后而产生的。因此，荣格将释梦看作是照亮潜意识的一个手电筒，它可以帮助人们看清内心所没有意识到或看不清的那一部分。人本主义哲学家和精神分析心理学家埃利希·弗洛姆曾经解释过这样一个梦：

"我坐在一辆停在高山脚下的汽车中，从山脚通向山顶的路只有一条，而这条路狭窄而又非常陡峭，我犹豫着是否要开上去，因为那看上去相当危险。但是，站在我汽车旁的一个人让我毫不畏惧地开上去。于是，我决定这么做，并往山顶上开去，结果路越来越窄，而由于太陡峭，我已经没有办法停下来。当我接近山顶时，引擎突然停止，刹车失灵，于是汽车极速向后滑去，结果我和汽车都坠入万丈深渊，此时我惊叫着醒了过来。"

其实，做这个梦的人是一位作家。当时，他正面临着一个选择：他可以得到一个赚钱更多的工作，但与此同时他必须要写出自己所不认同的东西。梦中鼓励他开上山去的那个人实际上是他的一位画家朋友。这位画家朋友就选择了一个赚钱更多的工作，做人体画家，虽然富有了却丧失了创造力。

而弗洛姆对这个梦的解释是：做梦者采纳朋友的意见，于是开车上山，其实这象征着做梦者的意识中也希望像朋友一样选择一个赚钱更多的职位。山路狭窄且非常陡峭，看上去相当危险，其实在梦者的潜意识中，他很清楚这条路是危险的。但他却对潜意识进行否定，又或者不够正视潜意识，从而导致他和汽车都坠入万丈深渊，而这同时也象征着他在现实生活中正处于被毁灭的危险中。如果他选择了那个赚钱更多的工作，他可能就像他的画家朋友一样，最终也会丧失创造力。

弗洛姆指出："很多时候，梦作为来自潜意识的提醒，释梦可以帮助人们正视自己的潜意识。"假如不释梦，上面这个画家就可能无法正视自己的潜意识，也就可能在现实生活中做出足以毁灭他一生的错误选择。这正如提出了两个脑的美国神经心理学家斯伯里所指出的那样："释梦使人们知道什么更适合自己，什么才是自己真正需要的，尤其是人们在生活中面临重大抉择时，释梦往往会带给人们诸多启示。"

第三，释梦可以帮助人们看透别人的真实内心。

梅尔·琳达去拜访了一位显赫且尊贵的要人，这位大人物素以善良闻名。见到此人后，琳达甚为激动，也为他高尚的人格所动容。她在那个人的家中逗留了一个多小时才离开，回到家后，她内心仍然充满着敬仰和喜悦之情。在当天晚上，她却做了一个奇怪的梦。梦中，她又见到了那位大人物，但他的脸却和白天所见的截然不同。他的脸显露出严厉且无比凶狠的表情，完全没有白天的那种仁慈。她听见他不甚厌烦地说："真是倒霉透顶了，竟然被一个可怜的寡妇骗去了几毛钱。"

加拿大心理学家海布经过分析发现，做梦者在梦中的洞察力比在白天清醒时洞察力更加敏锐，因此琳达在梦中才会看到那位大人物真实的一面，并看穿了他脸上的假面具，或者说看清了面具背后的那张脸。而经琳达之后的观察证实，那位大人物的确是假仁慈，实际上他斤斤计较，善于伪装。

荣格曾说："如果将'我'看作是意识的话，那么'梦'便是我的潜意识。很多时候，梦是一种更深层次的自我，比起意识中的我来说，要敏感细心得多。因为这个更深层次的自我往往能够发掘别人许多不为人知的一面，甚至还能推断出这个人的品行。"

很多时候，你初见某人就感到不喜欢，但又说不出理由。其实，这就是更深层次的自我做出了判断，而潜意识会对这种判断发出指令，从而让这种判断以梦的形式对人们做出提醒。而这种更深层次的自我会将这种判断用一些形象或意境表现出来，所以就形成了梦境。通过释梦者对这个梦的正确解释，便可以看清别人的真实内心。

　　由此可见，人们懂得释梦是十分必要的，尤其是那些心理咨询和精神病治疗工作者。释梦会给做梦者诸多的启示，使人足够充分地了解自己的内心甚至揭示出一些生活的现状。同时，某一个梦也会给释梦者带来更多的启发，比如释梦还可以使心理咨询和治疗专家们节省咨询时间，减少错误的判断。而行为主义心理学创始人欧内斯特·希尔加德认为，释梦的过程对做梦者也是一种心理治疗方式，可以起到让做梦者提高自知力的作用。

　　当代认知心理学派和结构主义教育思想的代表人物之一杰罗姆·布鲁纳认为，从事心理咨询和治疗的医师们在释梦时还有这样的作用：一方面，释梦可以激起做梦者的兴趣，使他（她）更好地与医师进行合作，因为人类强烈的探知欲使得他们对梦很感兴趣，同时也就会对释梦感兴趣；另一方面，释梦还可以帮助心理治疗绕过某些阻碍，由于做梦者不了解梦的真正意义，他们可以比较轻易、没有任何防备地说出自己的梦，从而将他们的内心世界暴露给医师。如此一来，医师便可以通过梦者这无意中暴露的一部分找到做梦者的一些症结，从而让咨询或治疗变得更加顺利。

　　除此之外，荣格以他多年的释梦经验总结出，释梦还可以增加做梦者对心理咨询和治疗的信心。如果心理咨询和治疗工作者能够恰如其分地为做梦者释梦，做梦者就会对心理医师的能力产生信任感。由此看来，释梦对做梦者和释梦者都有着极大的作用和意义。

7. 人为什么会失眠？经常失眠是不是一种病

失眠是指无法入睡或无法保持良好的睡眠状态，从而导致睡眠不足。事实上，造成失眠的原因有很多，比如环境、身体、情绪、精神等因素，而荣格认为，造成人们失眠的原因还是以精神和心理方面的因素居多。事实也的确如此，据美国2009年的一项社会调查报告显示，精神高度且持续紧张以及心理压力大或遭受过创伤，是导致失眠最主要也是最重要的原因。

同样，美国著名的发展心理学家和精神分析学家米尔顿·艾里克森经过多年的分析研究发现，在引起人们失眠的原因中，心理因素排列在第一位。人们的喜、怒、哀、乐、恐、惊等各种心理都有可能引起失眠。因而，他对造成失眠的心理原因进行了归纳和总结，而经他总结得出的以下几类导致失眠的心理因素也为心理学界所公认。

怕失眠心理：事实上，许多失眠患者都患有"失眠期待性焦虑症"，即夜里一上床就担心自己会失眠，或者是尽量甚至强迫自己进入睡眠状态，结果却适得其反。主要从事抑郁、悲观主义等方面研究的美国心理学家马丁·塞利格曼曾经指出："人的大脑皮层的高级神经活动有兴奋和抑制两个过程，同时这两个过程又是相互协调的，交替形成周而复始的睡眠调节规律。而'怕失眠'本意是想'想入睡'，但'怕失眠，想入睡'的心理本身会造成一种脑细胞的兴奋过程，因而越怕失眠，越想入睡，脑细胞就越兴奋，故而就导致了失眠。"

自责心理：有些人往往因为一次过失便感到内疚和自责，并在脑海中重复上演这个事件，并总是责怪自己没有妥善处理。由于白天的事情过于繁多，

他们的自责情绪也就稍微轻些，而一旦到了夜间，大脑处于放松状态，人的思维负担也就相对减轻，也正是在这个趋于安静的时候，自责心理就会突然蹦出来，从而导致不良情绪的反复，难以入眠。

期待心理：指的是人在期待某人或某事时过于担心而害怕睡过头误了事，因而时常出现早醒的状态。比如，一位"三班倒"的网站管理员由于时常上大夜班，总是害怕迟到，因此睡觉总不踏实，往往睡上 1 ~ 2 小时就突然醒来，久而久之，便成了早醒患者。

手足无措心理：精神分析学派创始人弗洛伊德认为，一些人在受到突发事件的刺激和影响后，一般都会表现得手足无措，以致到了夜晚睡觉时也会心慌意乱，始终处于进退维谷、举棋不定的焦虑状态，因而久久无法入眠。

"梦有害"心理：荣格指出，不少自称经常失眠的人其实都不能正确地看待梦，也就是说未能理解梦的本质，他们始终认为梦是导致失眠的罪魁祸首，而且认为梦对人体有害。对此，荣格明确地表示，这些错误的观念往往使人感到焦虑不安，因为他们总是担心入睡后会做梦，这种对"梦"的错误理解以及"警戒"心理才是导致失眠的罪魁祸首。其实，上文中诸多事实和科学根据已经证明，每个人都避免不了做梦，而多梦更是一种正常的心理现象，同时也是大脑需要的一种正常的工作方式。

或许，失眠对于很多人而言已经习以为常，并认为是一种不妨碍身心健康的生理表现。就此而论，荣格曾一针见血地指出："长期失眠其实是一种心理疾病，一种属于精神病类的心理疾病。"在荣格对精神病的分类中，经常失眠被归结为一种常见的心理疾病，而且与间断性失眠的人相比，它的治疗难度更大。失眠经常的人较正常人而言有一种截然不同的表现，那就是他们总是日间精神疲惫，夜间精神兴奋，而夜间越兴奋就越难以入睡，从而加重心理负担，产生紧张焦虑、忧虑过度等情绪。久而久之，便会形成一种恶性循环。

据一项社会调查报告显示，经常失眠的人每晚只能浅睡 1～2 个小时，有时甚至整夜无法入睡，在室内踱步消磨时间到天亮。而研究表明，如果人们经常遭受失眠的困扰，就会变得精神萎靡、意志消沉、心绪不宁、敏感多疑，最终导致一种精神性心理疾病的产生。

而根据荣格对精神病学与心理学多年的分析研究成果表明，精神病患者得病原因有 1/3 是由于受到某种刺激导致的，1/3 是由于遗传因素，还有 1/3 则是由于经常失眠所引发的精神障碍和心理疾病。

可见，经常性失眠不仅是一种心理疾病，还有可能进一步发展造成严重的、难以预料的后果。更重要的是，荣格凭借多年的精神病学经验指出，维持心理健康不仅要有充足的睡眠时间，而且更应该讲究睡眠质量，而权衡睡眠质量好坏的标准应该以睡醒后身心和精神感到较愉快为宜。因而也不必过分强调睡眠时间的长短，而是应该注重睡眠质量，因为睡眠质量不好所产生的不良影响远远超过失眠本身。

总之，出于对人们身心健康的考虑，心理学界和精神学界的专家提醒人们，应该充分重视失眠现象并尽量保证睡眠质量。

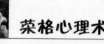

8. 梦和现实之间存在的奇异关系

　　古印度人对于梦的理解是十分独特的。他们认为，梦可以变成人类物质世界中的现实，而人们所在的现实世界本质上不过就是一个虚幻的梦。换言之，梦像现实一样真实，而人们所谓的现实世界却像梦一样虚幻。因此，便有了"人生如梦"的说法。古印度人认为的梦和"现实世界"没有本质区别这一观点，其实和荣格的"梦是灵魂经历的'真实事件'"这一观点有着相似之处，两者都认为梦和现实生活是一样真实的。而在古印度时期，有许多关于人从梦中醒来后，发现梦中的事都是确实存在的事情，其中就有这样一个奇异的故事。

　　在古印度时期，有一个叫拉瓦罗的国王，素以仁慈著称。一天夜里，拉瓦罗刚入睡便做了一个梦，而且这个梦一直持续到第二天凌晨6点。醒来后的拉瓦罗对王后说："这是什么地方？我睡在谁的宫殿？"王后连忙扶住国王回答说："陛下，您这是怎么了？这是您的宫殿啊！"原来，拉瓦罗国王做了一个梦，一个非常真实的梦，以至于他把梦和现实弄反了，把梦当成了现实，把现实当成了梦。国王定了定神后，便给王后讲述起他做的那个"真实"的梦。

　　国王说："我骑着马独自去郊外打猎，可走了好远也不见树林，最后走了好久好久，居然来到了一片大沙漠。待穿过这片不毛之地后，我看到了一片丛林。在丛林中穿越时，我看见了许多老虎，于是便飞快地爬到一棵树上，而老虎们就追着马跑了。由于恐惧，我在树上待了很久，直到看见一个黑皮肤的年轻女子拿着盛满了食物的篮子，我才突然间感觉到饥饿，于是便请求她给我一点儿吃的。她告诉我，她是一个贱民，如果我肯娶她，她便给我食物。我饥饿难耐，便同意了。吃了她的食物后，我跟着她回到了她的村落，并在那里如约和她举行了婚礼，于是我也成了一个贱民。之后，她给我生了两儿两女，我和她在那里生活了6年，整天穿着发霉、发臭还布满虮虱的布衣，喝着我杀死的野兽的血，吃着坟地上的腐肉。虽然我隐约记得自己是一国之王，但是我似乎苍老了，头发灰白，衣衫褴褛，甚至就快要彻底忘记自己是位国王了，也越来越坚信自己就是一个贱民。"

"但是……"国王的语气突然变得沉重起来，"一场可怕的干旱和森林大火袭来了，我只得带着我的家眷逃进了另一片森林。由于仓皇逃难，带的食物不多，才一天食物就吃完了，我对两个儿子说'来烤我手臂上的肉吃吧'，他们立即同意了。我又对两个女儿说"来烤我腿上的肉吃吧"，她们也同意了。因为这是维持他们生命的唯一希望。于是，我要被肢解了，当我准备好被火烤之后，在被他们抛进柴堆的关键时刻，他们却突然不见了，而我便见到了你，我的王后。"

国王讲完这个梦后仍然是一副心有余悸的样子。王后安慰国王说："不必害怕了，那只是个梦而已！"可国王不这么认为，他觉得那简直太真实了。因此，国王又将这个梦讲给了他的朝臣们听，朝臣们听后都惊愕地睁大了他们的眼睛，他们惊愕的不是国王做的这个梦，而是国王的荒谬的决定——国王决定去寻找他梦中的那个村落。理由就是国王觉得那不是一个梦，而是自己亲历的一个"真实事件"。

于是，国王和朝臣们一道沿着梦中的方向寻找。然而，令大家感到惊奇的是，国王真的发现了和自己梦中所见到的一模一样的沙漠。更令人感到惊诧的是，国王竟然找到了他梦中的那个贱民村落，只是这个村落被那一场大

火烧过之后，已经失去了原来的模样，变得破败不堪，但有一些成人还活着，还有一些失去父母的孩子。而令他欣慰的是，他竟然见到了他梦中的岳母——一个枯瘦的老妇人。他问她："你的女儿和孙子呢？"于是，她给他讲了一个故事：她女儿在一片树林中救了一个男人，之后这个男人便和她的女儿结了婚，婚后他们有了4个孩子，后来发生了一场火灾，那个男人带着她的女儿和孙子逃难去了，他们这一去就再也没有回来。国王在惊愕的同时，内心也充满了怜悯。后来，他又问了很多问题，老妇人的回答正是他在梦中的经历，这让他确信无疑。之后，他便带着些许遗憾回去了。

事实上，这个故事引出了古印度人特有的梦的观念和世界观。对于拉瓦罗国王这个奇特的梦，瑞士杰出的精神病学家、心理分析学派创始人荣格用"梦是灵魂经历的'真实事件'"的观点做出了解释：拉瓦罗国王的梦，即在贱民村落所发生的一切对国王拉瓦罗来说表现为他精神中的意象，它们既是真实的也是不真实的，或者说是贱民的某种情形浸入了拉瓦罗国王的灵魂，变成了拉瓦罗国王精神中的一种意识的感知。正如某些情形浸入了人的灵魂一样，与此情形类似的时间、地点和行为便可能以一种梦的形式出现。有人认为，无论多么重要的事，只要灵魂想要忘记便可以全部抹掉。同样，即便是没有发生过的事，灵魂也可以将之视为发生过。

在古印度人的观念中，没有什么现实事件。人的精神在梦中，而梦是灵魂经历的"真实事件"。在梦中所经历的一切，对于他们的灵魂而言的的确确发生了。而在不同的人的灵魂中还会出现同一个事实，就好比有10个人都看到过同一个情形，而后有6个人都做了与这个情形类似的梦。在这种情况下，大家就都认为梦中的事是真正发生过的，而不是虚幻的，尽管它的确没发生过。

古印度人的这一观点和埃及人有些相似。

埃及有一个叫阿皮罗·罗尼尔拉的人一直想要当埃及的国王，于是他总是给自己加上国王的称谓。与此同时，他做了一个梦，在梦中，他梦见自己真的成了国王，他统治着广袤辽阔的领地，但他发现自己是一个穷奢极欲的人，并且他觉得当国王太累，当看到自己的妃子们整天都很快乐，他又将自己变成了王后，但她很快就厌倦了这种无所事事的身份。直到有一天，他看到一群农夫在犁地，他们看上去很快乐，于是他又将自己变成了一个农夫，但不幸的是，他在犁地时牲畜突然发疯，把他活活踩死了。阿皮罗·罗尼尔拉醒来后觉得这一切就像刚刚发生的一样，他凭着梦境中的记忆找到了那个看见农夫的地方。结果听那里的人说，几天前的确有一个农夫在犁地时遇到牲畜发疯，最后被活活踩死了。于是，罗尼尔拉问自己："是我做梦成了农夫，还是农夫做梦成了我呢？"

由此可见，古印度人和埃及人的看法都是真实而神秘的，他们认为梦就是现实世界，而现实世界就是梦。不同的是，从埃及人罗尼尔拉在梦中数次变身的行为还引出了一个观点，即一个人的精神可以在梦中转化或分解为几种不同的精神。而阿拉尼尔那句"是我做梦成了农夫，还是农夫做梦成了我呢"，其实又表达了一个梦的观点：人也可以通过梦（精神和灵魂）向一个素不相识的人传达某些信息。

对此，荣格认为，很多时候梦是一种心灵的产物或灵魂的载体。而更多的时候，梦则作为一种意象将现实中不存在的在梦中实现。这不仅仅是因为人们觉得现实和梦存在着巨大的落差，而且在梦中人们可以像真正的上帝一样无所不能，同时让现实和精神实现融合，没有时间和空间的限制。正如荣格曾经所说的一样："作为人都应该有这样 3 个层面——现实中，精神上，灵魂上。"而后两者往往直接以梦的形式得以真实的体现。

9. 梦是心里住着的那个神秘的"原始人"

荣格对于梦有很多观点，其中一个观点就是：梦是心里住着的那个"原始人"。他认为，人类历经世代的事件和情感，最终会在心灵和精神上留下痕迹，而这种痕迹可以通过遗传的因素进行传递。例如，当一个人看到白发长须的老者，他就会想到智者的形象，而不太可能想象成一个轻浮的形象，这是因为世世代代的人都觉得那些饱经沧桑的老人就像一个个智者一样，而这种看法也会通过遗传传递到每一个人心里。

荣格把这种遗传的原始痕迹称为"神秘的原型"。他指出："原型本身不是一种具体的形象，而只是一种倾向，但原型却能够以一种形象的形式出现。比如，在梦里有时会出现一些奇异的事物和现象，而这些东西用做梦者自身的生活经历又解释不了，其实这就是原型的表现形象。"

瑞士有一个名叫凯莉·维纳斯的 10 岁小女孩做了一系列奇怪的梦，梦中出现了她从来没有见过甚至想象过的古怪而又不可思议的形象和主题。梦醒后，她把这 6 个梦依照先后顺序描述了出来：

邪恶的像蛇又不像蛇的怪物出现了，它用锋利的角与其他动物拼杀，并最终杀死了其他动物，但上帝（4 个上帝）从四面八方降临，让所有的动物再生；一个女孩死后得到升天的机会，但她看见天上全是异教徒，他们露出狞笑；

于是她要求下地狱，结果看到天使们在行善；一群小动物对她进行恐吓，并且它们逐渐变大，直到其中一个吞噬了她；体型小的老鼠的身体被虫子、鱼、蛇以及人所穿透，结果老鼠变成了人；透过显微镜看一滴水，她看到水中有许多树、动物、人类；她梦见自己病危，肚子里突然生出鸟来，把她啄食了。

荣格认为，这些梦的背后其实带有哲学性的概念。比如，以上每个梦中都涉及了整个自然界死亡和生存的主题，而这种主题也存在于诸多的宗教思想当中，而且是全球性的。比如，维纳斯的第二个梦正反映了人类道德相对性的思想；第四、第五个梦包含着人类进化论的思想。总体而言，维纳斯的一系列的梦的真正含义其实是一组哲学性的问题：死亡、复活、赎罪、人类诞生以及价值相对性，反映出了"人生如梦"的思想和生老病死的转化。

那么，问题出现了，一个仅仅10岁的小女孩怎么可能懂得这么深奥的东西呢？这些又是怎么出现在她梦里的呢？荣格认为，这并不奇怪，因为这就是世代相传的思想，已经通过维纳斯心中的原始人传给了维纳斯。而维纳斯之所以会梦到这些，是因为她在现实生活中可能正面临着或即将面临与生老病死同样重大的问题。而事实上也的确如此，维纳斯在之后不久便因为感染某种疾病而一病不起，最后病故了。

在荣格的眼中，原始人并不是固定的形式，而是潜藏在人们心灵最深处的原始人的灵魂，荣格将其称为潜意识。这些原始人会在梦中以各种各样的形象出现，当人们遇到困难时，他会帮人们想主意；当人们面临危险时，他会提醒人们……由于他有千百年生活的经验，他的智慧和直觉远远超出人们意识中的思想。当然，人们心中的这个原始人是用梦来显示和表达自己的。如果人们能够正确地理解梦，就如同认识了许多"原始人"朋友一样，也就

可以从梦中得到极大的启发和帮助。值得提醒的是，不是所有的梦都和原始人有关，即不是所有的梦都具有同等的价值，有些只涉及一些琐事的梦就显得不太重要，而另一些有"原始人"介入的梦则要重视。比如，那些神秘、神圣、奇异、陌生、不可思议以及看上去仿佛来自另一个世界的梦等，很可能就是有原始人介入的梦。

对此，弗洛伊德认为，在人们的内心深处的确存在着一个原始的部分，它就如同一个原始人。它不懂得现代人的语言和思维逻辑，梦便是它的语言，而且都是形象化、象征性的。在此观点的基础上，弗洛伊德将梦比作"原始人"的来信。当然，"原始人"是不会写字的，当他想要告诉做梦者某个人如同狮子般凶猛时，他就会画出一个人面狮子的形象。而埃及金字塔前的人面狮身像据说便是创造者得益于自己梦中的形象。也正是因为"原始人"不会写字，所以便创造出了一个又一个的梦。在弗洛伊德看来，"原始人"的信都是用象征性的笔法写的，它类似于一个寓言故事。这种笔法和文学大家的笔法有着相似之处。因此，想要知道"原始人"来信的真正含意是什么，就应该像读文学著作那样从头到尾读完它，否则便不知道"原始人"所要表达的到底是什么。

而要读懂"原始人"的来信的意思，首先就要了解"原始人"来信的内容，即"原始人"会写些什么。对此，荣格认为，"原始人"什么都写，而且有些内容是琐碎和杂乱无章的，毫无逻辑可言，这也就是人们总感觉到有些梦乱糟糟的原因之一。荣格指出，当"原始人"饥饿的时候，他便会写信谈饮食；当"原始人"遭遇可怕的事情时，他便会写信诉说恐惧；当"原始人"开心时，他会在信中编一个快乐的故事……所以，"原始人"也有喜怒哀乐的情绪。此外，"原始人"也会对白天遇到的人或事加以评论，并提醒做梦者应该怎样对待这个人或这件事。如果做梦者白天做错了什么事，"原始人"极有可能会在梦中对其指出应该如何改正。当做梦者面临着重大的抉择时，"原始人"很可能会帮其出谋划策等等。当白天有什么解决不了的难题时，"原始人"还会帮梦者动脑筋思考。

其实，事实证明，有许多科学家都是在梦中得到启发，从而有了伟大的发明。比如美国伟大的发明家查理·古德伊尔，他一直在研究如何使橡胶更牢固和更富有弹性，但他绞尽脑汁也想不出来。一天，梦中的一个魔鬼告诉他可以往橡胶里面添加硫磺，梦醒后他照此一试，结果出现了他想要的那种效果，这使他无比震惊。与此同时，他对梦开始重视起来。之后，经过不断地改进，古德伊尔终于在1844年发明了橡胶硫化技术。同样，意大利小提琴演奏家、作曲家帕格尼尼也在梦中向"魔鬼"学了一首曲子，并将其命名为《魔鬼的颤音》。由此看来，这个"魔鬼"还是多才多艺的。当然，这个世界上没有客观的魔鬼，告诉古德伊尔方法的是他内心深处的"原始人"，或者说是他心灵最原始的那一部分。

事实上，可以说人们心中的这个"原始人"具有一种最朴素的智慧。他从不会被任何言语欺骗，并能注意到一些微小的细节，并从中得出一些判断和结论，所以他能看清事物的本质，给你的答案也往往是正确的。同时，他还是一个富有生活经验和自知之明的人，在你狂妄自大时他会写信及时提醒你要谦虚、分辨善恶等等。当然，他也有感觉恐惧、紧张、不知所措和相互冲突的时候，但是他却从不自欺欺人。所以，人们应该学会和这个"原始人"做朋友，同时应该学会这门"原始语"，即读懂原始人的来信。

其实，荣格认为以上所述的这个"原始人"就是潜意识。事实上，自弗洛伊德之后的心理学家们逐渐发现了一件很有趣的事："原始人"是受潜意识支配的。也就是说，心理活动有一部分是由潜意识主宰的。然而，人们却一直有一种错误的认识，即心理就是人们的所思所想和一切喜怒哀乐，说到底就是人们意识中的内容。其实不然，有些心理活动是自己完全意识不到的，而这就是心理学家所说的"潜意识"。当然，这并不是无稽之谈。1987年，美国女孩玛尔瑞·爱丽斯高考落榜，而这已经是她第三次高考落榜了。因此，在第四年继续复读时，她感到非常疲倦。一天，她骑自行车时突然摔倒了，而更令人诧异的是，她竟因此而突然失明了。到医院检查也查不出什么原因，就这样一直持续到高考期间，她的眼睛依旧看不清任何东西，为此，她没能参加高考。然而奇怪的是，就在高考结束之后，她竟然发现自己的眼睛可以看到一点儿光亮了。不久之后，她的眼睛竟然不治而愈了。

对此，荣格认为，这件事情其实正是潜意识心理活动的结果：爱丽斯的意识中很想继续高考，但是潜意识却不愿意再参加高考，于是潜意识便截断了视觉通路，让她看不到东西（失明），进而无法考试，直到考试结束才恢复视力。

此外，荣格还指出，人们心灵最深处的那个"原始人"是受潜意识支配的，他所做的一切都遵从潜意识的意愿和命令，这也正符合荣格曾经提出的"梦是受潜意识支配"的观点。而"原始人来的信"这个比喻也很恰当地反映出梦的本质，因此，荣格又将释梦比作"翻译原始人的来信"。

10. 荣格释梦：两个改变做梦人一生的梦

荣格解释的第一个梦：

1921 年 6 月，一个 55 岁的男人来找荣格。他叫詹姆斯·班都拉，他出身寒微，靠着十几年的艰苦奋斗，从一个小村庄的老师当上了一所城市学校的校长。但是，自从当了校长后，他便得了一种怪病：头晕目眩、记忆力下降、心悸无力，类似于瑞士的高山病。与此同时，他还经常做一个梦，梦中总会出现 3 个情景。

班都拉梦中的第一个情景是：他梦见自己身穿黑色长袍，腋下夹着几本厚厚的书，置身于瑞士一个小村庄里，显得庄重严肃。同时，在他身边站着几个学生，学生们对班都拉说："你老啦！"对此，荣格认为这个情景旨在提醒班都拉应该好好休息了——从一个小村庄的老师到城市学校的校长，班都拉犹如一个登山者，从山脚登上了 1800 多米高的山峰，不应该再"往上爬"，而应该歇息了。荣格说，这也正是班都拉产生高山病症的原因。

班都拉梦中的第二个情景是：他急于赶车出席一个重要的会议，这个会议对他的工作很重要，但他发现，事先决定穿的衣服不见了。在他好不容易找到衣服后，却发现帽子又找不到了。可找到帽子后公文包又不记得放在哪里了。等他终于穿戴整齐、准备完毕赶到火车站后才发现误了时间，火车刚刚出发了。他便站在原地设想："如果司机聪明，机头到了 C 处时就不要加速，否则他身后处于拐弯处的车厢便要脱轨。"然而，机头刚到 C 处司机就全速前进，结果火车果真脱轨了。对此，荣格认为，班都拉梦中阻碍他出席重要会议的其实就是他自己的潜意识。潜意识提醒他不要去参加什么重要的会议，

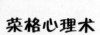

而火车司机就是班都拉的理智，司机看到 C 处笔直，就急于加速，但他却忘记了火车尾部——这正如班都拉急于追求更大的成就一样，他忘记了自己已经年老的事实。荣格说，这就是班都拉头晕目眩、记忆力下降的原因所在。

班都拉梦中的第三个情景是，班都拉梦到了一群可怕的怪物，又像蜥蜴又像螃蟹，他用棍子敲打怪物们的头，结果把它们全部打死了。对此，荣格认为，这个情景反映出了班都拉的"英雄情结"，他渴望与怪物搏斗，这是英雄与龙搏斗等神话的变形。而梦中这个又像蜥蜴又像螃蟹的怪物其实就是脑脊髓系统和交感神经系统的象征。因此，这个情景再次提醒他，如果再这样劳累拼搏下去，身体就要垮了。

因此，荣格表示，这 3 种情景之所以会出现在班都拉的同一个梦中，是因为这 3 种情景其实都说明了一个意思，那就是班都拉的潜意识正在极力提醒和警告他不要再继续拼命地工作了，否则身体会因吃不消而出现不良状况，而班都拉出现的头晕目眩、记忆力下降、心悸无力等病症其实也证实了这一点。可见，梦会在人们的身心处于不良状态时及时提醒人们注意身体健康，它就像一个细心的医师一样。

荣格为班都拉释梦之后，班都拉很感激。他认为虽然是自己的梦提醒了自己，但荣格对这个梦的解释更启发了自己，这使他突然明白了一个道理——健康的身体对人来说才是最重要的。没有了健康，一切都无从谈起。因此，他决定放下工作，安享晚年。事实上，他之后到医院检查，医生也告诉他，如果他不那么疲于奔命或者提前几年退休的话，他的身体状况会好很多。

荣格解释的第二个梦：

1925 年 9 月，一位 24 岁的年轻女孩找到荣格，她神情激动地说："吓死我了，吓死我了。"原来，这位名叫阿拉尔·亚尔维斯的女孩做了一个极其可怕的梦，她梦见自己被一个拿着锋利的剪刀的老太太追赶，似乎要剪断她的生命之线，她感到相当恐惧和害怕，于是拼命地逃。但是，老太太似乎很有劲，跑得很快。就在老太太快要追上亚尔维斯的一刹那，她忽然发现老太太手中的剪子原来是用竹子做的，于是她胆子大了起来。等老太太靠近时，她将老太太扔到了旁边那个游泳池里。之后，她又跳到游泳池中想把老太太淹死。结果她却发现，在水底下还藏着一把真剪刀——原来这是老太太故意示弱诱敌深入的计策，很明显她中计了。她急忙想要逃跑，并且被吓醒了。

对此，荣格认为，这其实是一个死亡之梦。在希腊神话中有3位负责生命之线的女神：一位负责纺织出活跃的生命之线，另一位负责维护好生命之线，而最后一位则负责剪断生命之线。而这最后一位女神手中正好拿着一把锋利的剪刀。其实，这位拿着剪刀的女神实际上就是死亡之神，而亚尔维斯梦中持剪刀追杀她的老太太其实就象征着剪断生命之线的死亡女神。荣格早就指出：梦是潜意识的作品，用象征的形式反映出人们内心深处的心理矛盾、情绪和欲望。之后，荣格又进一步指出：有些梦比一般的潜意识还要深刻，而其中所使用的象征也是超乎个人的，甚至与神话、传说等相一致。而亚尔维斯这个梦便可以说明这个观点，因为它与古希腊罗马的神话不谋而合。

荣格是这样解释这个梦的：亚尔维斯梦见被死亡女神追赶着要剪掉生命之线，这说明亚尔维斯极其害怕一种命中注定的死亡。梦里的水池可以象征很多东西，但在这里象征着潜意识。亚尔维斯把老太太扔进水里，意思是把她自己对死亡的恐惧埋在心灵深处，即潜意识中。但是，她最后竟然发现水下潜伏着危险。也就是说，她虽然让自己不去想那些关于死亡的事情，但是

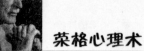

在她的潜意识中，令她恐惧的死亡的命运仍旧存在，因而她感到相当害怕。至于梦中的竹剪刀，荣格认为，竹剪刀其实就象征着筷子。而这也得到了亚尔维斯的证实，小时候，一旦亚尔维斯做错了事，母亲便经常用筷子敲打她的头，同时边敲边骂"去死吧你"，这使亚尔维斯一想到死亡便会想到筷子。

同时，荣格根据弗洛伊德提出的"梦应该追溯到做梦者童年时期的一些经历，童年时期的一些创伤是人们做梦的深层原因"这一观点分析，亚尔维斯极有可能在童年时期遭受过某种较大的心理创伤，从而导致她一直对死亡存在着较大的恐惧和不安。事实也确如荣格所料，由于亚尔维斯童年时总是体弱多病，身高和体重都不及同龄人，甚至比她小五六岁的孩子都比她发育和成长得好很多。因此，家里人总是担心亚尔维斯的健康。

此外，荣格还表示，童年时期"我也许不会长大成人"的恐惧和不安是导致她做这个梦的因素之一。事实上，亚尔维斯也担心自己会长不大。在她的内心中，家人给了她极大的负面影响，而在她的潜意识中，她已经把家人的担忧当成了自己可能会有的命运的结局，即注定长不大或者会因为某种疾病而死亡。另外，荣格还指出，亚尔维斯做这个梦时正是她的本命年，而本命年似乎都有一种不祥的征兆，如果她活不过这一年，也就意味着"长不大"的预言的实现，所以，亚尔维斯在这一年对死亡的恐惧增加了。

当然，亚尔维斯对荣格这个解释十分赞同，并且她补充说："因为本命年要穿戴红的东西，她还特意买了一条用红线穿成的项链，天天佩戴着。而她做梦的那一晚，因为洗澡将项链摘下来，之后忘了戴上，所以在这一天做了这个可怕的梦。"对此，荣格表示，由于亚尔维斯平时戴着用红线串成的项链，内心有种潜在的安慰，所以不感到恐惧。但当红线项链无意中被摘掉时，她的潜意识就开始害怕了，而这也正符合荣格的"梦是潜意识发出的指令"的观点。其实，在亚尔维斯的内心，这条红线串成的项链其实就是生命线，而梦里的老太太正是要剪断她的生命线。

荣格认为，对死亡存在着这种不安的恐惧是不利于身心健康的。事实上，亚尔维斯到现在为止已经被死亡的恐惧折磨得精神状态有些不佳了。荣格告诉亚尔维斯，放下不安和恐惧，因为用筷子敲她头的人，即她的母亲，并不是真正诅咒她，这只是一种不恰当的教育方式，并不是一个可怕的威胁。正如梦中那位老太太的剪刀是用竹子做的一样，即便她在后面追赶着亚尔维斯，但那种"死亡的威胁"实际上并不是真的，因此并不可怕，就像母亲那种诅咒一样，不会实现的。

可以说，荣格的释梦为班都拉和亚尔维斯这两位做梦者解开了某个心结，又或者说解决了他们生活中遇到的某种难题。可见，看似与人们的生活无关联的虚幻的梦实际上却与人们的生活息息相关，尤其是当人们在生活中面临着一些难题或重大的抉择时，人们心灵深处的潜意识便会向梦发出指令，从而起到提醒和警告人们的作用。而从班都拉和亚尔维斯的梦来看，这个作用对人的身心和未来都有着极大的帮助。

Chapter 4 哪些性格缺陷会导致你一败涂地

——荣格的性格分析术

贪婪、自卑、退缩等性格特征在一些人眼中可能是不值一提的，甚至被认为根本不属于"病态特征"。但荣格却不这样认为，从性格分析的角度来讲，在成长过程中，每个人在性格方面都会存在差异，但随着接触不同的社会环境，以及受不同的外界信号的刺激，一些人的性格开始偏离了正常的发展轨道，甚至出现了"病变"。在这种情况下，"病变"就会作用于这些人的言行举止。可让人倍感意外的是，一些人并没有及时发现并清除自身出现的"病变"，反而纵容其继续扩散。久而久之，随着"病变"的进一步扩散，这些人的性格上就会留有深刻的伤疤，最终会导致其生活一败涂地。

　　因此，荣格在日常的性格研究中倾注了大量的心血，并留给后人一整套关于性格分析的富有启发性的理论思想，借以帮助人们理解性格。

1. 性格类型中到底存不存在好坏之分

荣格曾说过："一个人最本质的特性可以从性格中窥探出来。"在他看来，深入了解一个人，既可以通过这个人的外表、行为等方面加以窥探，还可以从其性格特征方面入手进行更加深入的了解。

在现实生活中，每个人的性格都不尽相同。在人际交往中，有些人给人留下的印象是自信、谦虚、诚实、大方、幽默等，这让人们感觉到非常舒服；而有些人给人留下的印象却是自私、虚伪、焦虑不安、狂妄等，这则会让人们感到不适。人们之所以有不同的感受，归根结底是由于性格类型的不同而导致的，而这些不同的性格类型又被荣格分为"外向型"和"内向型"。在他看来，性格内向的人在大多数情况下很少主动向别人袒露自己的喜怒哀乐。他们在情感方面也会压抑自己，同时在别人面前也非常容易出现害羞、紧张、焦虑等情绪，不愿意在大庭广众之下表现自己。此外，他们做事之前虽然会深思熟虑，但他们并不能付诸实际行动，因此困扰、忧虑、郁郁寡欢等情绪经常伴随在他们身边。而性格外向的人的心理活动更倾向于外部环境，外界的环境能够吸引并引起他们的足够重视。性格外向的人大多是善于交际的，他们不愿意对某一件事情苦思冥想，而是依靠别人或者活动来满足自身情绪的需要。很多时候，这样的人非常热衷于在人多的地方表现自己，并且非常健谈，说话时也不会有所顾忌，在做出某项决定时往往非常迅速。

荣格认为，性格的内向和外向只不过是一个人开朗程度大小的问题而已。他在研究中发现，一个人并非完全都是内向或外向的性格特征，而是或多或少地拥有内向型或外向型的某些特质。此外，荣格还认为人类拥有一些心理功能，其中包括：思维、情感、直觉以及感觉。思维被看成是一种渴望深入理解事物本质的理智功能；情感可以被理解为一种价值判断的能力；直觉是一种能直接地体会或把握到的经验或体验，而不是作为情感和思维产生的结果；而感觉就是人类的一种感官知觉。这4种不同的心理功能表现为个体的行为方式，也构成了荣格所说的"不同的性格特征"。

荣格通过研究认为，每个人的性格类型都是独一无二的，也是具有独特构造性的。然而在现实生活中，对内向型性格和外向型性格的优劣判别，人们并没有达成一致意见。弗洛伊德认为，个体拥有的外向型性格是健康的，而内向型性格则具有精神病的倾向。同时，他还指出，个体向内释放出的心理能量意味着过度的自恋；而个体向外释放心理能量则说明是一种真实或客观的心理宣泄，并由此迈向心理成熟。然而，荣格却否认了他的观点，并与其发生了激烈的争辩。在荣格看来，内向型性格和外向型性格根本不存在优劣之分。

对此，荣格从个体大脑的生物学性质上对内向和外向型性格之间的差异进行了研究。根据他的观点，具有内向型性格的人的大脑皮层非常敏感，因此，即使是不太强烈的外界刺激，也会使他们产生强烈的反应。于是，为了避免让自身受到侵害，他们会躲避周围的环境和世界，控制自己的愿望或约束自己的行为，以减少自己与外部环境的交流，同时也就减少了和外界发生冲突或者受到伤害的可能性。而具有外向型性格的人情形则截然相反，他们的大脑皮层相对来说没有那么敏感，所以他们需要从外界环境中得到更多的刺激，以便克服自己大脑皮层的迟钝性。如果荣格的研究是正确的，那么从生理角度来看，内向型性格的人比外向型性格的人还要聪明一些。

在现实生活中，人们都可以看出内向型性格与外向型性格其实是各有短长的，只不过是存在一个度的问题，极端的内向型性格以及极端的外向型性格肯定都不是好事。荣格从统计学上分析得出，这两类人只占相当小的一部分，现实生活中大多数人是处在内外向性格之间的某一处，或者表现得稍偏内向，或者表现得稍偏外向。通常，一些性格内向的人对自己的性格非常不满意，于是他们寻求心理医生的帮助，希望自己能够变得外向。其实，他们或许并不清楚，一些性格外向的人同样对自己的性格不满意，也去寻求心理医生的帮助，希望能让自己变得稳重、成熟一些。因此，性格内向还是外向并不能说明什么问题，也没有任何证据表明性格内向的人比性格外向的人更容易产生心理问题。

其实，关于内向性格和外向性格，荣格一直强调性格的独一无二性。也就是说，每个个体之间的性格都存在着差异，同时也都有自己独特的经历和人生感受。对一个人而言，只有充分地认识自己的性格，并且能够充分地体验并享受自己的独一无二性，才是最理想的人生状态。

2. 自卑是一种性格缺陷

自卑是现实生活中常见的一种心理现象，这种心理表现为对自身缺少足够正确的认识，在人际交往中通常缺少胆识，做事总是随声附和或畏手畏尾，很少发表自己的主见。当事情出现错误时，这种人通常会认为是自己做得不够好。如此一来，他们便失去了与人交往的信心和勇气。

荣格从心理学的角度给出了详尽的解释："每个人都有不同的性格，所谓性格，又被称为心理机能或者广义上的心理，它是指一个人在日常生活中逐渐形成的，对现实比较稳定的想法或态度以及自身行为方式对应的相对稳定的心理特征的集合体。很多时候，一个人的性格在特定的环境中决定着他的心理想法以及行为方式。缺乏自信的人由于对事情抱有悲观的态度，而这种态度会一直伴随在他日常的行为方式中。如此一来，这个人在对待事情的时候就会出现精神紧张、焦虑、不安等情绪，并且没有获胜的决心和勇气。正是这些人心理出现的这些情况，使他们遭遇失败。这不能不说是一种性格方面的缺陷。"

荣格指出，在谈及自卑之前有必要说说自尊，因为自卑的前提就是自尊。当一个人的自尊心没有得到满足，又没有实事求是、科学有效地对自身的实际情况进行分析时，自卑心理就容易产生。而当一个人的内心滋生出自卑心理后，会极大地否定自己的能力，同时悲观、失落的情绪也快速扩散开来，从而怯于与别人交往。其实很多时候，本来通过努力就可以达到的目标，却因为一句"我不行""我没有别人做得好"等话语而让自己放弃努力。此外，有自卑心理的人由于看不到前进的希望以及领略不到生活的乐趣，对美好的未来不敢抱有太多奢望。

其实，自卑心理的产生也是有一定原因的。荣格认为，以下这些原因是形成自卑心理最主要的因素。

首先，他认为，如果一个人对自我认识不足就会产生自卑心理。比如，人们总是以他人为镜来认识自己，当他们得到别人的否定后，就会过低地评价自己，在这种情况下，自卑心理就会油然而生。

其次，家庭成长环境也和自卑心理有一定的关联。心理科学的研究早已证实，对于出现不同心理问题的人都可以在他早期的家庭生活环境中找到症结。比如，一个人在童年时期在父母离异的环境中生活，必然会让这个人的心理出现畸形发展，认为自己是一个被父母遗弃的孩子，这样一来，在同龄孩子面前他就会感到自卑。如果这种自卑心理不能得到及时有效的疏通和化解，将会影响这个人的一生。

　　再次，自卑心理还和社会文化的因素有关。荣格认为，每个人在社会特定的文化环境中生长，文化因素往往会给自卑心理带来非常重要的影响。从美国著名社会心理学家乔治·赫伯特·米德对新几内亚不同民族的人格特征的研究中可以看出，在湖泊旁边居住的张布里族有着非常明显的男女角色差异——女性是社会的主体，每天外出劳作，掌握着经济大权等；而男性则处于从属地位，主要负责孩子的养育以及艺术或工艺等方面的劳动。正是这种分工的不同让该地区的男性产生了明显的自卑感。

　　最后，个人性格特点和自卑心理息息相关。大多数情况下，性格内向的人对外界事物的感受性强，同时他们对事物产生的消极后果也有放大的趋势，并且很难在短时间内将消极的体验或者不愉悦的经历释放和排解出去。因此，这样的人就会经常受到外界的影响而改变自身的性格，如此一来，他们产生自卑心理的概率也就越高。而那些果敢、自觉以及自制力强的人在其自尊心受到外界影响或压抑时很少会产生自卑心理，而是会激起他们内心更加强烈的自尊心，及时调整自己的心态，以更多的行动消除内心的压抑。

　　在荣格看来，人们不希望自己存有自卑心理，因为它在给人们的心理带来巨大压力的同时，还像是一把阻碍人们成长、前进的枷锁。而挣脱枷锁就

荣格心理术

需要找到战胜它的方法。因此，荣格从自身权威的心理研究中总结出以下方法：

（1）完全认知法。荣格认为，想要战胜自卑心理首先要客观、全面地看待自己。具有自卑心理的人通常有非常强的自尊心，当他们从现实中接受了一些让他们缺乏信心的信息时，他们的自尊心就会受到伤害，自身的优越感也会荡然无存，并且迅速地从一个信心满满的人走向另一个极端——极度缺乏信心的人。

人们应该意识到，自己本身并不是完美的。每个人都会存在优点和缺点，对于自身的优点应该坦然接受，而对于自己的缺点也能够包容和正确看待。在现实生活中，很多人都喜欢用别人的优点和自己的缺点进行比较，这样比来比去肯定会让自己产生自卑心理。其实，完全没有必要进行比较，应该将自己的优点向外释放出来，以此来增强自身的信心，从而将自卑心理消灭在萌芽阶段。

荣格在哈佛大学的一次演讲中曾说过："每个人都会有自己独特的兴趣爱好，没有必要用自己的缺点和别人的优点相比较，正确、明智的做法是自己和自己比。也就是说，和别人进行比较必然会产生自卑心理，和自己比较就不会出现。"其实，荣格要告诉人们的是，正确认识自己，并客观地评价自己，做到不盲目对比才是控制自卑心理的首要因素。

（2）心理暗示法。荣格提出的心理暗示法指的是一个人通过积极的心理暗示、自我鼓励进行的一种摆脱自卑心理的方法。很多时候，一个人的自我评价实际上可以被看成是对自我的一种心理暗示，它决定着人的行为方式。荣格认为，消极的自我心理暗示会产生消极的行为，而积极的心理暗示则会带来积极的行动。事实上，现实生活中每个人的智力水平差别并不大，在工作或生活中要不断暗示自己，别人能够做到的我通过努力也可以做到。始终将"我能做好""他可以成功，我同样也可以"这样的心理暗示牢记在心，那么自卑感就会被扫光，最终迎来胜利的曙光。即使失败了也不要气馁，只要将"失败是成功之母""暴风雨过后就会出现彩虹"这样的心理暗示牢记在心，就会找出获取成功的方法。

（3）补偿法。这种方法强调的是通过自身的努力，以另一方面取得的成绩来弥补自身的缺陷，从而让自卑心理"无处藏身"。荣格指出，通过扬长补短的方式赶上别人，甚至超过别人。比如，亚历山大和拿破仑生来就因为身材矮小遭到别人的耻笑，可他们并不因此而自卑，而是通过不断努力并立下雄心壮志，终于在军事方面取得了成功。因此，一个人在某些方面存在的不足和缺陷也许不能改变，但只要找到了符合自身发展的补偿目标，就可以克服自身的不足和缺陷从另外一方面得到充分补偿，最终自卑感会被强大的决心和勇气取而代之。

（4）作业法。在荣格看来，一个人产生自卑感往往是在表现自己的过程中，由于受到无情的打击，对自己的能力产生了怀疑。为此，荣格建议，不妨多做一些自己力所能及、获胜概率较大的事情，这样一来，成功后不仅会收获一份喜悦，还能让自身的自信心得以强化。而自信心的恢复则需要一个过程，切不可操之过急。最好的办法就是从一连串小小的成功开始，通过不断取得的小成功为自身确立自信心，以此消除对自己的能力的怀疑。荣格强调，运用这样的方法时，期望值不要过高，也不要操之过急，要循序渐进地锻炼自己的能力，因为这才是消除自卑感的有效方法。

（5）实践训练法。存在自卑心理的人经常会表现出不愿与人交往、敏感多疑的情况，因此，荣格建议要多进行一些实际训练。具体做法为：找一个和自己最熟悉的人，询问其对自己的印象如何，然后确定自己是否能接受这种回答方式，判断自己为什么喜欢或不喜欢留给别人的那种印象；心里幻想着如果自己成为一名演员，愿意扮演什么样的角色，并说出为什么喜欢扮演该角色；选择一个自己最崇拜的人，并从他身上找到让自己崇拜的品质；改变自身的形象、言行举止等，内心里强化自己所喜欢的东西，将不喜欢的东西抛在脑后。

（6）领悟法。当一个人出现自卑心理后，最好能主动找心理咨询师并接受相关的治疗。在心理咨询师的帮助下，通过自由联想以及回忆早期的经历，深入挖掘出导致自己产生自卑心理的深层次原因。在心理分析的作用下让这个人领悟到，自身出现的自卑感并不完全是自己的情况非常糟糕，而是隐藏在意识深处的症结使然。如此一来，就能有效地克服自身的自卑心理。

3. 有一夜情是一种性格缺陷，有外遇也是一种心理疾病

随着现实社会中一夜情、外遇现象的频繁出现，人们对其关注度也越来越高。荣格曾说过："当婚姻生活中一方没有得到满足时，就会不自觉地从外界寻求可以让心理得到满足的方法。"很多时候，当人们在面对家庭和婚姻生活的问题时，一些人经常会摆出回避或者无视的态度，不能勇敢地面对现实生活，更不会采取适当的方法及时解决婚姻或家庭生活中出现的问题。如果任由心理"不满足"的种子发展，这颗种子就会疯狂地生长，最终致使

婚姻或家庭生活破裂。

很早以前，荣格就认为一夜情或者外遇是一种心理疾病。而美国社会心理学家约翰更是对一夜情做出了详尽的解释：一夜情的产生是基于人类动物性吸引而产生的性行为，而这种行为让夫妻或恋人在相处时应该遵守的规范成为一纸空文。约翰认为，一夜情是一种心理疾病，甚至会上瘾，这样的人由于原本生活过度规律而缺少色彩，使得他们在一夜情中寻找新鲜感和刺激感，以便让心理得到满足。

而外遇和一夜情相似，都是婚姻和家庭生活中的"第一杀手"。对于外遇产生的原因，很多人都认为外遇是人性使然，是欲望没得到满足等等。荣格则认为外遇和一夜情一样也是一种心理疾病，与自身的人格息息相关，另外，它像遗传病一样具有遗传性。同时，荣格还指出，童年经历的不良创伤、家庭影响、工作压力以及婚姻危机等都会使人心理失衡，并产生出严重的空虚感，进而诱发寻找外遇。

无论是一夜情还是外遇，它们给婚姻或者家庭生活所带来的都是毁灭性的打击，就像"火车出轨"一样。不过，在荣格看来，如同一个人的身体一样，并不是染上疾病就意味着死亡，也有一些治疗一夜情和外遇的手段，而且康复的概率非常高。此外，从荣格早期进行的一项调查中发现，不同年龄段的人对一夜情和外遇的定义大致相同，而就对外遇和一夜情的容忍度而言，女性往往比男性的容忍度要高。也就是说，女性更容易接受并原谅出轨的男性，而男性对女性有外遇的容忍度非常低，很难原谅她们。

那么，如果婚姻家庭中的一方发生一夜情或者外遇时，另外一方应该如何面对呢？是选择毅然决然地离开，还是努力原谅对方，共同去寻找并解决

婚姻生活中出现的问题呢？研究发现，大多数人都认为婚姻是严肃的，婚姻的解体建立在双方感情出现裂痕或者完全消除的情况下，不仅仅是以暂时的背叛为依据。虽然有一夜情或者外遇的一方没有履行夫妻婚前做出的承诺，但它们的发生却是因双方感情长期不和所致。只有双方间进行畅通无阻的沟通以及共同努力，才能维系好家庭生活。同时，这也是家庭和谐的关键要素。在荣格看来，发生一夜情或者外遇之后，不是没有"破镜重圆"的可能，最为关键的因素是当事人能否付出真正想挽救婚姻或家庭生活的努力。

荣格指出，两个人分离看似是解决一方有外遇或者一夜情最直接的方法，但这种方法并不是最佳的。因为很多时候，对一个人彻底失望并放弃这个人，并不能说明自身能摆脱这个问题。选择分离被视为万不得已才使用的手段，因为匆匆忙忙的分离反而会加重一夜情或者外遇产生的心理伤害。为此，荣格根据自身多年的研究，归纳出一些解救一夜情和外遇的"药方"：

（1）一定要宣泄内心的痛苦与不满，并回顾和反思外遇或一夜情产生的根本原因。从心理学的角度来看，当婚姻生活中一方出现外遇或一夜情时，如果另一方没有宣泄出自身的痛苦与不满，而是将其憋在心里，那么这不仅不利于问题的解决，还可能让自身遭受更为严重的伤害，留下不能触及的"伤疤"。对此，荣格的建议是，要尽量将自身的不满和压抑的情绪释放出来，然后反思一夜情或外遇产生的根本原因，这样才能为此后的婚姻救治奠定基础。

（2）如果听到恋人或伴侣出现一夜情或者有外遇的消息后，无论是否打算分手，都让自己暂时冷静下来，更不要在亲人或朋友的面前过度渲染，而且要尝试着在两个人的范围内解决问题。如果将伴侣有外遇的消息对外过度渲染后，会给亲人和朋友的心理带来"恐慌"。如此一来，他们就有可能做出对解决问题不利的行动，从而让事情变得更加糟糕。因此，荣格建议人们要学会冷静，因为冷静后心理才能平静下来，进而做出理性的决定。

（3）如果决定原谅有外遇或者出现一夜情的一方，就要尽快忘记此前不愉快的经历。荣格指出，若一个人牢记一段令其不愉快的经历，那么其心里就会对此加深印象，从而将这种现象表现在行为方式上。比如，对一个难以忘记不愉快经历的人来说，他的潜意识里会将不愉快的表情显现在脸上，或者将不良的心态运用在日常处事中。如此一来，这个人的心理就会出现不平衡，而这对于解决问题也根本起不到任何积极的作用。荣格建议，人们可以通过转移注意力的方式来达到忘记不愉快经历的目的。只有这样，此前的心理"疤痕"才不会继续扩大，也更利于恢复双方之间的关系。

（4）在出现外遇或一夜情之后，如果双方在自身的范围内不能解决问题，可以将父母、子女等亲人引入到治疗过程中。也就是说，可以借助亲人的力量让背叛者感受到亲人在外遇这件事情上的真实感受和想法，并让其在心理上产生愧疚感。如此一来，该"药方"的效果就会发挥出极致水平。为此，荣格形象地比喻道："亲人的力量不容小觑，从某种程度上来看，亲人的感受和想法可以影响背叛者的心理，这就好比是直插他们心理的一把'尖刀'。"

或许有人会认为，曾经遭遇一夜情或者外遇的婚姻好像一面破碎的镜子，即使将镜子粘合起来也会有裂痕。但心理治疗大师荣格却认为，人生本来就是不完美的，也会有很多缺憾，或许正是因为这些不完美，才能让人们认真审视婚姻生活中出现的问题，并从中领悟到婚姻的真谛。同时，荣格还认为，将反面力量转换为正面力量，并增强婚姻对"感冒"的抵抗能力，是维系婚

姻的关键因素。

由此可以看出，荣格将有外遇或一夜情比作心理疾病和性格缺陷不无道理，这是他多年来潜心研究的成果。令人欣慰的是，荣格在提出这些观点后还总结出一套行之有效的心理治疗方法，并给后人带来了非常大的借鉴意义。可以说，这是荣格留给世人最有效也是最实用的一种性格分析术。

4. 多疑症是一种消极心态

在荣格看来，多疑的性格指的是神经过敏，并伴有极度不信任的消极心态。很多时候，具有多疑性格的人大多带着固定的成见，习惯通过自身的想象将生活或工作中发生的一些没有关联的事情联系在一起，或者空穴来风地制造出一些事情证实自己的成见。比如，将别人不经意的行为表现误解为对自身的不尊敬或者不怀好意；没有充分的理论依据就认为别人对自己所说的话具有欺骗性和伤害性，甚至还错将别人的善意曲解为恶意；处处提防别人，生怕自身受到伤害等等。如此一来，他们就会与人产生隔阂，在人际交往中自筑鸿沟。试想，这样的性格特征怎能对自身有利呢？

荣格认为，多疑性格一旦形成，就会比较顽固地存在着，因为这种性格是导致偏执性人格障碍的"温床"，需要引起人们足够的重视和警惕。但如果仅仅是单纯的多疑，则通常在误会或者受外部环境的刺激下才会发生。比如，妻子因为社交的需要与异性接触，丈夫就怀疑她不忠，而当妻子和异性一起郊游（丈夫在场）时，丈夫一般不会产生多疑心理。

实际上，多疑和猜疑有着很大的不同。荣格在研究中发现，猜疑只是一种一般性的怀疑，这种怀疑或许纯粹是由于神经过敏引发的一种毫无道理的表现，但怀疑却可能存在一定道理并符合客观事实。通常，大多数人在某些时候都会产生猜疑现象，因此不存在心理问题。而多疑就好比是猜疑的"升级版"，也就是其极端状态。很多时候，多疑都是无端生疑，纯粹是为了证明偏见的猜疑，是一种心理严重失衡的表现。

现实生活中关于多疑的案例非常多。比如：两个在同一家公司工作的夫妻，有一天，丈夫邀请了公司里的一位女同事到高级餐厅去吃饭，妻子知道后就会产生多疑反应：丈夫变心了！实际上，丈夫之所以邀请女同事到高级餐厅吃饭是因为需要讨论一项紧急的营销方案，或者只是谈及工作上的一些事情，并不代表他们会发生什么。再比如：在公司的会议上，领导对一位新同事的工作提出了表扬，而没有表扬你。此时，你或许会出现多疑的反应：领导不器重自己了，他是在间接让其他人知道自己的办事不力。其实，领导表扬新同事的目的无非就是想给他鼓劲，并没有说明你的工作能力差。

其实，在荣格看来，多疑性格产生的原因和个人的一些特点有关。首先是自信心不足所致。在现实生活中，一些人在某些方面认为自己不如别人，但却由于自尊心过强，因而会认为别人在暗地里讨论自己、嘲笑自己等，于是便陷入到无端猜疑的怪圈中。此外，有些人产生多疑心理还与此前交往失败留下的心理阴影有关。由于一些人比较容易相信别人，并将别人视为最好的朋友，向其袒露很多心声，但没想到，别人却欺骗了他，并深深地伤害了他的感情。如此一来，这个人便承受了巨大的心理压力，产生了挫败感，甚至在心理上建立起很强的防御机制，不愿意再相信别人，而且遇到任何事情

都变得多疑，生怕自己再遭受心理上的打击。

而对于多疑性格对一个人产生的不利影响，荣格有着自己的观点，他认为，多疑性格好像是一条无形的绳索，会捆绑一个人的思想，让这个人远离朋友、亲人。如果多疑性格不及时调整而任其发展的话，就会让人因为一些根本不存在的事情而产生忧虑不安的情绪。此外，多疑性格的人往往心胸比较狭隘，嫉妒心非常重，不能与别人进行更好地交流，更不要奢望他们能和别人建立起朋友关系了。如此一来，他们就会变得更加孤单寂寞，对其身心发展极其不利。

为了让多疑性格的人摆脱这种对自身不利的局面，荣格通过多年的研究总结出一些治疗方法：

（1）任何时候都要学会理性思考，不无端猜疑。在荣格看来，很多人都会产生猜疑，而这是难以避免的。当一个人发现自己产生了猜疑时，扪心自问：为什么我要产生猜疑？猜疑的理由到底对不对？如果自己产生的怀疑是错误的，还有哪些可能发生的情况呢？通过自问的方式让自己在做决定前能够更加理性地进行思考，从而避免无端猜疑的产生。

早期荣格在瑞士多所大学进行演讲时就曾表示："当你们产生猜疑的心理后，要理性地进行思考，不要朝着有利于猜疑的方向思考，而是通过自问的方式判断出猜疑是否合理。如果不合理，就要及时将其控制住，这样才能保证猜疑不会'升级'。"

（2）多找找自己的优点。荣格认为，一个人很难做到绝对完美，都或多或少存在一定的缺陷。也正因为如此，自己的缺陷才会遭到别人的非议。而听到别人对自己的非议后，心里都会不舒服，甚至会产生强烈的自责感。其实，对于别人的非议，没有必要放在心上，要善于调节自己的情绪，不要在意别人的讨论。同时，要不断从自身寻找优点，因为从心理学的角度来看，人们在对待自己优点时总会表现得很乐观，而这种乐观精神正是战胜不良情绪的法宝——它不仅可以解脱自己，还可以让自身产生出的猜疑顿时云消雾散。

（3）增强自身调节情绪的能力。很多时候，当一个人受到外界不良信息的影响时，自身的情绪就会变得非常糟糕，如果不把糟糕的情绪尽快释放掉，就会产生一定程度的猜疑。试想，在猜疑和坏情绪的双重打压下，还怎么以良好的心态处理事情呢？为此，荣格建议人们，当情绪受外界环境的影响时，要及时调节情绪，将其调整在可控范围之内，因为只有这样才不会出现压力"爆炸"的情况。

（4）加强沟通，解除自身的疑惑。在现实生活中，很多猜疑大多来源于双方之间无端的猜测和误解，如果是这种情况的话，双方就有必要通过沟通的方式消除误解，从而避免产生不必要的冲突。对此荣格的建议是，当两个人的关系出现裂痕后，要想尽一切办法让两个人坐下来，心平气和地谈心和沟通，以达到解除误解的目的，将猜疑彻底清除掉。如若不然，猜疑就会像气球一样被"吹大"，当它大到一定程度时就会出现爆炸。如此一来，双方之间的误解和猜疑就会加剧，最终变得不可调节。

或许现实生活中一些人还在被多疑的性格困扰着，此时不妨从荣格的分析及治疗方法中得到启发，因为荣格在治疗多疑症方面确实有其独特之处，他好比是一位成功切除"毒瘤"的外科医生。

5. 为什么我们在潜意识里都希望保持胎儿一样的姿势

研究发现，睡眠占据了一个人生命的 1/3 时间。对于人们来说，可以没有辉煌的事业、安逸的晚年、精彩纷呈的人生，但却不能缺少睡眠。从某种意义上来说，人类的睡眠对于生命和身体健康来说是至关重要的。医学专家认为，人在卧睡时大脑和肝脏的血流量是站立时的七倍左右。而睡眠可以有效地让人体体内的机体缓慢下来，比如常见的有血压降低、体温降低、心脏跳动缓慢等，这不仅使能量的释放减慢，还有效地保存了能量。此外，睡眠还可以促进体内生长激素的释放。据统计，生长激素在睡眠时的分泌量比在工作状态下要高出 5 倍以上，并且还有利于人体的生长发育，起到加速新陈代谢以及延缓大脑衰退等作用。

那么，人们对睡眠的认识究竟有多少呢？人们每天享受健康的睡眠时间又有多少呢？从睡眠姿势中真的能够看出一个人的性格特征吗？什么样的睡眠是高质量的，也是利于身体健康的呢？

其实，对于睡眠荣格有着自己独特的研究。他将睡觉定义为人类大脑中枢神经作用的中止。结合医学的研究，荣格认为睡觉能给一个人带来不同的作用，其中包括：睡眠可以康复机体、保护大脑、恢复精力以及增强自身的免疫力；睡眠可以最大程度地促进生长发育；睡眠能够提高人的智力；睡眠对延长寿命有一定的帮助。可以说，睡眠是人类一切生理活动所需能量恢复以及重新积累的过程。

凭借多年的研究，荣格认为从睡觉的姿势中可以看透一个人的性格特征。在他看来，每个人的性格都具有双重性。也就是说，一个人在外界会显示出一种被人们所熟知的性格，还有一种隐藏在内心深处的性格。当这个人清醒时，不会将隐藏在内心深处的性格表露出来，因为这个人能控制自己的行为；而当这个人入睡时，其睡觉姿势就会暴露出真实的自己。正常情况下，人们在睡觉的过程中会不断地改变姿势，而其中最重要的是入睡时表现出的睡觉姿势。

荣格通过研究发现，如果一个人是仰卧着入睡的，说明这个人是心态积极、心胸开阔的人。这类人非常容易相信别人，不喜欢和别人发生争执，在别人眼中他是一个谦虚谨慎，甚至是害羞的人。

如果一个人是俯卧着入睡的，说明这个人内心比较含蓄。多愁善感、忧心忡忡是他们经常表现出的特性。此外，这样的人很固执，一般没有多大的抱负，甚至有些人抱有"今朝有酒今朝醉"的想法。

如果一个人睡觉时的姿势是蜷缩着，说明这是一个神经高度紧张的人。很多时候，这样的人自我感觉良好，而且容易害羞，不善于和陌生人打交道，因此他们大多性格内向、谨小慎微。

而如果一个人是侧卧着入睡的，则说明这个人的性格比较外向，也比较健谈。他充分了解自身的优点和缺点，在和别人交往过程中总是将自身的优点释放出来，并感染别人，如此一来，能很快与别人建立起良好的关系。

或许有人会提出这样的疑问："如果不睡觉将会怎样？"对此，荣格在早期曾做过一项关于不睡觉的实验，可以解答人们提出的这个问题。实验开始前，荣格找来一名年轻男子，让其参加不睡觉的实验。在前三天的时间里，这名男子一切正常，并且还可以开玩笑，可到了第四天，这个人的精神状况发生了明显的变化，对一些并不滑稽的事情不禁大笑，并且难以自控。当听

到一些不值得伤心的消息时，这个人竟然莫名其妙地大哭起来。而到了第五天，这名男子忽然从座位上站起来，歇斯底里地大喊，并用手臂敲击着墙面。到了第八天，这个人出现了类似精神病一样的行为——变得抓狂起来。于是，研究人员将其绑在床上，让其休息了 10 个小时后一切才恢复了正常。通过这个实验可以看出，人长时间不睡觉根本是行不通的。

荣格在研究中还发现，如果一个人连续多晚的睡眠时间不足 6 小时，其身体就会受到损害。美国宾夕法尼亚大学的研究人员将 48 名受试者分成 3 组，在半个月的时间里，3 个小组每天的睡眠时间依次为 4 小时、6 小时、8 小时。受试者被放置在有监视器的实验室里，以保证他们在测试中不偷偷地打盹。研究人员每天都会对受试者进行心理测试以及精神测试，并询问他们感受到的疲劳程度等。研究发现，每天睡眠为 6 个小时的受试者存在反应能力减缓、不能保持清晰头脑的情况，而且他们只能完成一些简单的记忆。而每天睡觉时间为 4 小时的人则表现出情绪低落或者头脑不清晰的情况。但如果让这些人恢复足够的睡眠时间，则此前出现的症状就会消失。由此可以看出，睡眠时间的长短在一定程度上影响着人的睡眠质量。

而在问及什么样的睡眠姿势有利于身体健康时，根据生理学家的研究，最有利于身体健康的睡眠方式应该是面向右侧，半蜷着睡。这样的睡觉姿势可以有效地减轻在睡眠时体重对心脏以及身体其他部位的压迫，也有利于人们进行畅通的呼吸以及血液流通。或许很少有人知道这样的睡觉方式还有助于人们减轻自身的焦虑。早在 1936 年，弗洛伊德就曾研究过人体产生焦虑的问题。他认为，当一个婴儿呱呱坠地时，他的身体感受到各类刺激较之在母体内时大大增加，这让婴儿一时间不能适应过来，因此便产生出强烈的恐惧感和无助感，而婴儿这种早期受到的"心理创伤"也就成为人们日后产生焦虑的源头。

　　而对于这一点，荣格与弗洛伊德的观点类似。他认为，婴儿在母体中是相当安全的，无须进行努力就可以满足一切需求，而当外界环境发生变化时，婴儿用尽办法才能生存下来。因此，婴儿的出生就好比是从一个可以满足一切需求的极乐世界进入到一个充满惊险环境的艰难之地，如此巨大的转变自然会给婴儿的心理带来恐惧感和一定的创伤。这就是焦虑在原始时期的表现形式。在荣格眼中，人生最大的目标是重返在母体内的生活环境，因此人们在选择睡眠姿势时，潜意识里会选择和胎儿类似的姿势，因为人们将自己的床铺视为安全的领地，也将其视为提供安全的母体。同样，这种类似于胎儿的休息方式，可以给人们的心理提供最大的安全感，让他们降低或减轻出现的焦虑。

6. 虐待动物的人是因为性格有缺陷吗

　　在荣格早期对别人进行的性格分析中，有这样一件事让他记忆犹新：在一个阳光明媚的午后，荣格正在办公室里整理资料，当听到敲门声后，他站起身打开房门，只见一个年纪在35岁上下的妇女面带焦虑之情开口说道："荣格先生，我真的很苦恼，能帮帮我吗？"荣格让她坐下来后仔细询问了事情的缘由。原来，这个妇女有一个7岁大的孩子，在孩子5岁时，妇女由于忍受不了丈夫长期以来对她实施的家庭暴力，选择了离婚。离婚后，她带着孩

子一起生活，可问题也随之而来了。由于妇女十分喜欢猫，于是便将波斯猫养在家中。一天，她从外面回到家后，眼前的一幕让她倍感意外：7岁大的孩子正在用剪刀按住波斯猫为其剪发，被剪到皮毛的波斯猫疼得乱叫，可孩子的脸上反而露出了可怕的笑容。还有一次，她发现孩子将猫扔到马桶里，用水泼它的同时还发出狰狞的笑声。对此，这名妇女感到非常生气，便教训了孩子。可令她没有想到的是，孩子并没有因为被打而停止虐待波斯猫的行为，反而虐待的次数越来越多。

听完这名妇女的述说后，荣格判断这个孩子的性格存在一定的缺陷。他认为，孩子虐待波斯猫最主要的原因就在于他缺少必要的关爱，或者说与其成长的环境有关。据这名妇女说，她经常遭受丈夫的家庭暴力，这样一来，当孩子在家庭不和睦、母亲被父亲殴打的环境中生长时，就会终日处于惊恐之中，并形成一种无形的心理压力。而随着父母的离婚，孩子内心更是缺少了安全感，此时他内心的精神压力也让其无法用正确的心态去面对外界的事情，从而最终演变成为压力下的情绪爆发。

其实，孩子虐待小动物的行为是现实生活中常见的一种现象，也是心理学上著名的"情绪的转移作用"。人们或许听过这样一个关于情绪转移的故事：美国一家公司的小职员受到领导批评后心里非常不舒服，但又无法和领导争辩，于是回到家后将气撒到了妻子身上。受了无名之气的妻子非常恼火，但她内心的怒火又无法向丈夫发泄，于是便将在一旁看电视的孩子狠狠地训斥了一顿。受了莫名训斥的孩子感觉委屈可又无处诉说，于是踢了身边的小狗几脚。小狗不明白主人为何要踢它，被赶出家门后它跑到街上，见一个穿着皮鞋的人向自己走来，于是它冲向前咬了这个人一口后便跑开了，而这个被小狗咬伤的人竟然是小职员的领导。在这个情绪转移的故事中我们可以看出，每个人都会由于受外界或自身的影响而让情绪发生转移，虽然在情绪转移过程中他们也知道这样做对别人是不公平的，但就是由于缺少处置情绪的能力，才会伤及无辜。

而妇女的孩子虐待波斯猫说明了她的孩子早年曾受过一定的心理创伤。比如看到父亲殴打母亲，内心充满愤怒却又难以释放，随着年龄的增长就无意识地通过虐待波斯猫来发泄自己内心的情绪。

经过以上分析后，荣格平静地对这名妇女说道："你的孩子虐待波斯猫实际上是他的心理障碍的行为表现，在很大程度上也是你的孩子缓解内心的紧张情绪以及发泄内心不满的一种方式。人类本来就具有攻击和破坏的本能，只不过这种本能通常是处于隐藏状态中的，但如果他们遭遇到挫折或者心理压力后，这种隐藏的本能就会被瞬间激发出来，从而做出具有攻击性的行为。当一个人处于某种原因而不能对侵犯者予以有力还击时，他就会寻找一个可以发泄的对象。显然，波斯猫成为他发泄的替罪羊。"

为了纠正孩子虐待小动物的"怪癖"，荣格建议这名妇女从以下几个方面着手：

（1）找出让孩子产生虐待行为的根本原因，并分析出哪些压力给孩子造成了心理上的不适，然后根据孩子出现的具体情况去缓解他的心理压力。只有这样，才能从根本上解决孩子虐待波斯猫的问题。

（2）不停地向孩子加强爱心教育。出现虐待小动物的行为从另外一个角度来看，说明孩子缺少爱心。因此，要对孩子讲述小动物对人类的有益之处，引导孩子主动爱护它们，并对其充满同情心。如此一来，孩子虐待小动物的

行为可以大大减少。

（3）加强对孩子的关心和爱护。荣格认为，父母对孩子的关心不要仅仅局限于物质方面，精神方面也同样重要。例如，可以多和孩子沟通，多了解他们内心的想法，并对其在学习或生活中遇到的问题及时给予疏导和帮助，让他们成长在被关爱的环境中。这样他们才能健康成长，避免出现性格畸形的情况。

（4）必要时要采用奖惩手段。荣格指出，在适当的时候对那些虐待动物成"癖"的孩子要给予一定的批评，让他们充分认识到自己的错误。有些孩子虐待小动物，是想借用以强凌弱的方式来显示自己所具备的能力，对此父母应该从严教育。而在惩罚时也一定要让孩子明白为什么受惩罚，这样一来，当他们想要再次实施虐待时，就会想到上次的教训，以致放弃虐待的想法。

Chapter 5　心理游戏中的心灵疗法
　　——荣格的沙盘游戏治疗术

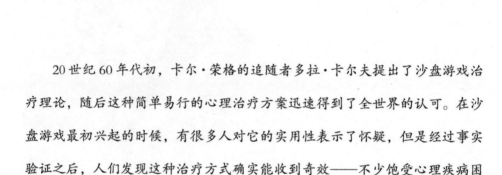

　　20世纪60年代初，卡尔·荣格的追随者多拉·卡尔夫提出了沙盘游戏治疗理论，随后这种简单易行的心理治疗方案迅速得到了全世界的认可。在沙盘游戏最初兴起的时候，有很多人对它的实用性表示了怀疑，但是经过事实验证之后，人们发现这种治疗方式确实能收到奇效——不少饱受心理疾病困扰的人都从中得到了积极的信号，并且成功地克服了种种障碍，重归人类社会。

　　单纯从操作过程上来说，沙盘游戏显得十分幼稚，它的核心就在于，受到心理疾病困扰的参与者可以利用沙子构建出各种景象。对此，卡尔夫的终身好友，也就是卡尔·荣格之女格莱特·荣格指出，这种看起来非常简单的游戏其实对一个人释放心理压力、缓解压抑的心理状态有着非常显著的作用。她这样说是基于大量的实例调查，比如有着病态恋母情结的爱德华·盖恩、8岁的自虐女孩松下惠子以及像"疯子一样"的安亚迪·阿琉比斯……

1. 最受心理学家推崇的沙盘游戏治疗术

单纯地玩耍也可以治疗患者的心理疾病吗？很多人对此提出了自己的疑问。但实际上，这个理论是成立的。瑞士著名心理学家多拉·卡尔夫在她的沙盘游戏治疗理论当中就提出了这个观点。在她看来，童年经历对一个人的影响是非常大的，而玩沙盘则可以最大限度地激发出一个人对自己童年的记忆和遐想，这实际上就是一种感情的外泄和释放，它对患者的心理治疗是非常有效的。

其实，在卡尔夫提出自己的理论之前，一名叫玛格丽特·温格菲尔德的女士就提出了一个类似的构想，那就是"游戏王国理论"。其实，温格菲尔德在儿童行为方面的研究颇有建树，她曾于 1937 年做过一次公开演讲，而卡尔夫正是在场的数百名听众之一。按照"游戏王国理论"，每一个人遭遇的心理疾病、情感困扰都是和自己的童年经历有着密切联系的。而通过一些无拘无束的游戏，人们就可以顺利地唤醒自己"沉睡的记忆"，这一点无论是对于患者本人还是心理治疗师而言，都是非常重要的。

对于"游戏王国理论"，卡尔夫自己也是深有体会的。她出生于瑞士巴登—符腾堡州的一个小县城中，幼儿时代长辈对自己的忽视和父母的责备给她造成了非常深远的影响。在这种情况下，成绩平平的卡尔夫自然没有考上大学，在与著名心理学家、精神分析大师荣格相遇之前，卡尔夫已经和丈夫离异了。

现实生活的困境让卡尔夫开始思考：到底问题出在哪里？当她把所有的疑问和童年记忆联系起来之后，一切也就迎刃而解了。在瑞士著名心理学家格莱特·荣格（卡尔·荣格之女）的帮助下，卡尔夫的研究有了进一步的提高，再加上卡尔·荣格本人的大力引荐，沙盘游戏治疗术的基本雏形终于完成了。

这一套新奇的理论一经问世，便立即引起了业界的广泛关注。因为通过沙盘游戏，真的能够让原本抑郁、封闭或者脾气暴躁、情绪波动比较大的患者恢复宁静，并渐渐摆脱这些心理疾病的困扰。

可以说，卡尔夫的成功和荣格的指导是分不开的。同时，心理学大师西格蒙德·弗洛伊德在很多方面也给了卡尔夫非常大的帮助。在提出沙盘理论的简单构想之后，荣格又引导她将东方元素，比如太极、阴阳、藏传佛教，甚至是日本禅宗都融入了理论模型当中。这些理论融入之后，卡尔夫的沙盘治疗理论才算真正完善了起来。

在沙盘治疗理论中，治疗师会给参与者提供两堆沙子，一堆干燥的，一堆潮湿的。为了最大限度地唤醒参与者内心当中"沉睡的部分"，心理治疗师还会提供一些清水以及参考用的模具。而参与者要做的就是全身心地投入其中，利用手中的沙子堆砌出各种不同的模型。

起初，人们对这种简单的心理治疗手段都还持怀疑态度。但是荣格和他的追随者总结出了一套相对完善的理论体系，以此解释沙盘游戏治疗术存在的依据。

首先，"自由和受保护空间"。在做沙盘游戏的时候，参与者需要全身心地投入到游戏当中，而且他的状态就是完全自由，不受任何限制的。说到底，沙盘游戏的规则就是不限制游戏者的行为，试图通过这种自我开发的方式将参与者引入自己的内心世界当中。也就是说，玩沙盘本身就能够让一个人不断地探索、认知自己，它就是一种自我修复、自我治愈的过程。而"受保护的空间"则是人们与生俱来的自我保护意识在作怪。人对外界因素有着非常强烈的排他性，如果这种心理走向极端，就会表现出自我封闭，或者是交流有障碍。针对这一种状况，荣格指出，在现实生活中，人们会遇到各种压力和阻碍，而一个与世隔绝的空间就能够解决这个问题。当我们全身心地投入到娱乐中的时候，就会不自觉地将自己同外部世界隔断开来，形成一个理想的个人空间。毫无疑问，这可以让一个人有"受保护"的错觉，由此更容易释放出自己的原始本能。在这里，治疗师利用沙子、水，还有沙盘这样的过渡性客体，将人们带入了一个安静平和的状态当中，安静的外部环境和内心世界的宁静之间产生了美妙的共鸣，一个人将自己心中的郁结释放出来，重新接纳外部世界，也就顺理成章了。

其次，无意识状态下的自我修复。荣格认为，如果刻意完成某一件事物，那么到最后的结果很可能就是不完美的，只有当我们抛开功利性目标之后，才能得到一个相对完美的结果。从这个角度上来说，人们对于自身性格缺陷、心理疾病的救治也是同样一个道理：简单的沙盘游戏会不自觉地让一个人沉溺于到娱乐的快感当中，而这一种忘情的状态实际上可以为大家提供最好的治疗时机。

对于大多数患者来说，如果要让他们一直处于"接受治疗"的自我暗示当中，他们或许会在潜意识中形成一种反抗，不自觉地关闭自己同外界之间的那一扇大门。很显然，这种治疗不能彻底地使患者痊愈，而处于"无意识"状态之下的患者更容易获得痊愈。

最后，沙盘游戏还可以通过不断地引导让参与者走到一种自我肯定的状态中，以此治愈自己的心理创伤。在卡尔夫看来，沙盘游戏对于一个人的意义就在于，它可以让患者主动开发自己的能力，不断地去追求和创造。可以说，这种精神状态是非常宝贵的——内在的调节再加上良好的外力帮助，一个人得到治愈的可能性也就极大地提升了。

　　因此，自诞生以来，沙盘游戏治疗术便引起了人们的广泛关注。与此同时，它在全球范围内的认可度也居高不下，心理学家对其的研究热情也非常高。其中的原因就在于，沙盘游戏治疗术的成本非常低廉，而且它的操作方法也非常简单。多方求医久治不愈，只需几堆沙子就能解决一切烦恼，这就是沙盘游戏的神奇之处。

2. 沙土比你更懂你的心

　　在荣格看来，沙盘理论对于饱受精神困扰的人群有着非常不错的治愈作用。与此同时，它还是透析一个人内心世界、预测疾病的好方法。沙盘理论的创始人卡尔夫曾说："我观察过很多人，然后针对不同的参与者做了深入的研究，可以说，不同的沙土造型实际上就反映出了人物不同的内心世界。"

　　1962年，德国著名心理学家夏洛特·布勒在工业重镇斯图加特做了一个简单的测试，当时有12名不同年龄阶段的人参与了本次测试。

　　其实，布勒的实验很简单，她为所有参与者都提供了足够的沙子和清水，还有一些像模像样的小型道具，比如屋子、栅栏、牛羊、神像等。等到所有人都就位之后，布勒大声喊道："大家只要按照自己的思路去构建就可以了，没有任何限制，也不必有任何心理负担，声明一下，这次活动完全是自发自愿，没有奖品和评委，祝大家开心愉快。"

　　随后，12名参与者不紧不慢地展开了自己的搭建过程，有人只花费了半个小时的时间就宣布大功告成，而其他人则没有停下来，直到旁人表示出不满的情绪之后才意犹未尽地停止了装饰。

观察完所有人的表现之后，布勒问一位身材高大的男生说："这是一个庄园吧，为什么还要在屋子的四周布满栅栏呢？现在四周都被堵住了，你应该留出一条小路来的。"

这个男生的嘴唇动了动，却一句话都说不出来。布勒又拿了一个小动物的模型放在院子中："让我们看看这样做的效果会不会更好……嗯，我觉得院子当中有一只梅花鹿确实漂亮了很多，你觉得呢？"

围观者都赞扬起来，说增加这只梅花鹿让整个庄园显得更有活力了，但是没有想到，那位男生却低下头，嘟囔了一句："这太不现实了，梅花鹿是不可能被关在院子里的。"

布勒笑了笑，对他说："这确实是一个很好的问题。那么，你认为把什么动物放进去才好呢？"

这名男生想了想说："如果是我，我会放一只猎狗进去。"

布勒马上赞美他说："这个选择很好，现在我们有了一个庄园，庄园里面还有猎狗，这样我们就可以出去捕猎了。但是，主人呢？如果他也住在这里的话，那么就应该给他留一条小路。"

男生听后默默地拆掉了一块栅栏，这样一来，他搭建起来的庄园也就有了一条小路。

之后，布勒将所有人的表现和他们构建的模型全部记录了下来。散场之前，她还将自己的联系方式留给了在场的所有人。

两个月之后，布勒收到了一封陌生男子的来信，这个人自称名叫道格·施

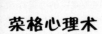

拉姆夫，现年 19 岁，他来信的目的就是感谢布勒帮助自己走出了心理困境。

"或许您已经记不得我是谁了，但是我依然还是要感谢您的帮助，"施拉姆夫在信中说道，"现在我又重新回到了同学当中，他们不再排斥我了，所有人都很开心，谢谢你。"

凭借着自己敏锐的直觉，布勒马上意识到，施拉姆夫就是两个月前参加那次沙盘游戏的高个子男生，他当时正经受着非常痛苦的心理摧残。为了进一步帮助这个孩子，布勒马上回复了对方的信件，同时还邀请这个年轻人到自己的讲堂听课。半年之后，施拉姆夫考上了他心仪的大学，这其中自然也少不了布勒的功劳。

实际上，布勒一开始就认识到，施拉姆夫是一名有中度自我封闭症的人。在他看来，外界存在着很多危险元素。

"从他布置的沙盘就可以看出，他的庄园被栅栏包围了，外人进不去，里面的人也出不来，"布勒说，"我们知道每一个玩沙盘游戏的人都是在构建一个自己理想中的王国，这个孩子试图将整个庄园变得与世隔绝。"

施拉姆夫是一个生活在单亲家庭的孩子，他的爸爸在一次车祸当中去世了。因为这件事情，施拉姆夫的性格变得古怪起来，而且他的成绩也急速下滑，一连休了两年学。等他重新回到校园之后，原本那些朝夕相处的同学都已经离开了，而更让他难受的是，超过 190 厘米的身高也让施拉姆夫在人群当中无可遁形——他是最显眼的，同时却又是最不受欢迎的。

而年轻人的叛逆精神让施拉姆夫变得越来越暴躁，他开始凭借自己的身高优势在学生中当上了"老大"。但是很显然，施拉姆夫自己也明白，这种尊敬根本是靠不住的，虽然有很多人都对自己表示了屈服，但他内心当中依然是一片空虚，没有一丝安全感。从表面上看来，施拉姆夫是非常自信的，但布勒一眼就看穿了他的心中所想，并且慢慢地引导对方走上了正确的道路。

"我一直鼓励他给庄园留出一条小路，实际上这就是一种让他打开心扉的表现，"布勒说，"我知道像他这样一个自闭的人是很难一下子就接受陌生人的建议的，这就需要我去一步一步地引导。"

实际上，布勒所说的引导就是通过"给院子当中加入小动物"来完成的。值得一提的是，在这个过程中，她还做了另外一个"攻心战"，那就是到底在院子当中放只梅花鹿还是猎犬的争论。

在这里，布勒试图将毫无攻击力的梅花鹿放进院子中，但是施拉姆夫马上就否定了这个想法，他回答说"这是不可能的"。因为在正常条件下，一个庄园当中是不会出现梅花鹿的。这实际上是一种主动思维的表现，布勒马上又沿着这个思路更进了一步，向对方寻求更好的建议，结果施拉姆夫便给出了"猎狗"的答案。

"每一个人都渴望得到别人的尊重，而那些内心当中充满自卑的人尤其如此。"布勒解释说，"其实对一个人表现出尊敬是非常简单的事情，你只要走上前去，向对方真心实意地提出一个问题，这种高人一等的优越感就能够让他人体会到被尊重的感觉。"

于是，在布勒的引导之下施拉姆夫的心门终于打开了——他开始重新评估自己的人生价值，并且主动给布勒写了一封信。就这样，在布勒耐心的指导下，施拉姆夫最终摆脱了负面心理的影响，考上了心仪的大学。

因此，通过一个人在沙盘面前的种种表现，我们可以看到隐藏在这个人内心深处很多不为人知的秘密。或许在日常生活中，一些人不断地宣称自己

的人际关系多么好，朋友们有多喜欢自己，但是站在沙盘面前，他们只是用沙土给自己的王国中堆满了小猫小狗，这意味着实际上他们并不是很合群的人，只能和一些不会说话、对自己无限依赖的小动物一起生活。在他们的人生中，朋友之间的彼此信任和依赖是少之又少的。

3. 玩转沙盘，在疯狂的自我肯定中追寻存在的意义

玩一场简单的沙盘游戏到底能够对一个人起到多大的激励作用呢？或者说它为什么能够让一个原本有着严重心理障碍的人重新拾回自信、乐观地面对生活呢？针对这一系列问题，日本著名临床心理治疗师河合隼雄表示，利用沙子组合成不同的模型，这本身就是一个彰显、体味人生理想的过程，我们可以将其称为"人生的巅峰体验"，它本身就是与快乐及自我肯定共存的。

河合隼雄是亚洲引入沙盘疗法的先驱人物，他于1965年将沙盘疗法引入了日本。按照他的解释，患者可以通过构建各种模型体验到成功的快感，而这种重复的"目标达成"对于一个人重新审视自己的人生价值、找回自信有着非常重要的意义。著名社会学家亚伯拉罕·马斯洛在写给朋友的信中这样说道："在社会中，人的最高追求就是个人理想的实现，而这种自我认可和社会认可相结合的感受就是一个人得到升华的一刻。"

1972年，丹麦首都的哥本哈根医院住进了一个奇怪的病人，他的名字叫索伦·克尔凯郭尔。令人感到费解的是，年仅12岁的克尔凯郭尔一夜之间就患上了失语症，拒绝同任何人展开交流。面对孩子突如其来的变化，克尔凯

郭尔的父母显得手足无措，他们认为儿子受到了强大的外界刺激，才变得沉默寡言。但是，现在医生对于这种状况也无能为力，甚至很多心理治疗专家也束手无策。

对此，丹麦著名心理学家加斯帕·尤尔想到了沙盘游戏，他建议让克尔凯郭尔接受沙盘心理疗法，结果一举获得成功。

当时，尤尔翻阅了很多类似的资料，他注意到，根据目前的信息显示，患者很明显是关闭了自己同外界之间的交流通道，他害怕同周围的人产生互动，同时也拒绝配合医生、治疗师的相关治疗，这给心理疾病的治疗带来了非常大的困难。所以，尤尔告诉克尔凯郭尔的父母，让他们先暂停和孩子交流，然后按照自己的要求带孩子去海滩旅游。

"我告诉他们，一定不要刻意限制孩子的任何举动，就让他在沙滩上玩好了。不要监视也不要引导，保持耐心，暗中关注，一切都会好起来的，"尤尔说，"为了让他们理解我的用意，我还专门向他们解释了沙盘游戏的全部理论，告诉他们应该在沙滩上摆放些什么。"

起初，克尔凯郭尔的父母并没有接受这个"幼稚"的治疗方案，他们坚持采用药物疗法和心理引导来治疗孩子的心理顽疾。但是两个月过去了，克尔凯郭尔的病情依然没有任何好转。在这样的情况下，这对顽固的父母才勉强接受了尤尔的建议。

克尔凯郭尔一家的目的地是美丽的厄勒海。当时正值深秋季节，北欧的海岸已经非常冷了，沙滩上没有太多的行人，因此克尔凯郭尔得到了一个非常安静的个人空间。按照尤尔的建议，克尔凯郭尔的父母带去了很多小玩具，包括动物玩偶、小建筑模型等等。来到沙滩之后，大人就故作悠闲地玩起了潜水、冲浪，克尔凯郭尔则独自一人选取了一块沙滩玩了起来。

时间一点点过去了，忐忑不安的父母发现，从前面无表情的儿子脸上露出了一丝笑容。天快黑的时候，他们尝试着将孩子带回住所，结果克尔凯郭尔抬起头来说道："不，妈妈，让我再玩一会儿。"

实际上，这是3个月以来克尔凯郭尔说出的第一句话。他的父母瞬间惊呆了，并且答应了这个请求，任由孩子玩到夜幕降临。

"好了，我们专门装一些沙子带回家里去吧，现在天已经黑了。"

克尔凯郭尔点了点头，轻轻地回答了一声"嗯"。

在随后的一周里，大人们故意将那些玩偶、模型放在显眼的地方，克尔凯郭尔不时地利用这些道具堆砌出各式各样的建筑、庄园。看得出来，每完成一件作品，克尔凯郭尔都会快乐地把玩很久，最后才依依不舍地开始下一个"工程"。随着时间的流逝，克尔凯郭尔原本压抑、憔悴的精神状态变得越来越好，他的笑容也完全回来了。经过医生诊断之后，克尔凯郭尔现在已经完全摆脱了精神疾病的困扰，他可以重回学校了。后来经过了解才得知，克尔凯郭尔之所以拒绝和他人交流，是因为他遭受了同学的嘲笑和打击。

"索伦·克尔凯郭尔是19世纪丹麦最富盛名的一位哲学家，所以在课堂上老师提到这个话题之后，马上就有学生开始嘲笑同名者，"尤尔说，"所有人都对那个可怜的孩子说'你们的名字是一样的，但是人家是哲学家'，而这样的话对正处在青春期的孩子的伤害是非常大的，他们过分的敏感会让自己变得极端。"

由于同学们的嘲笑，克尔凯郭尔变得封闭、失落，因为和自己同名的是一个受人尊敬的大师，而虽然他拥有一个响亮的名字，却"一文不值"。正是这种自我否定让克尔凯郭尔变得与世隔绝，从此再也不愿意和别人开展任何交流。体现在日常生活中，就是一种交流障碍。

不得不说，正是神奇的沙盘治疗术让原本已经失语的克尔凯郭尔重新找回了自信，他开始认识到自己的能力，每完成一件作品他就会在潜意识当中得到一次满足，并且认为自己是"睿智而又能干"的。

而这正是沙盘游戏的魅力所在，它能够让一个人不断地体验到成功的快乐。其实，在每一个人的内心当中都居住着一个王者，正是这种内在的心理状态不断地驱使他们按照自己的理想改造世界，这也就是每一个人追求理想、渴望实现远大抱负的动因。不幸的是，真正能够将自己的人生理念投射到现实生活当中的人却少之又少，而那些没能做到这一点的人就会失落、沮丧。这个时候，对残酷的现实无能为力的人就可以寄情于简单的沙盘游戏，让自己的才华在沙盘上展示出来。

其实，人的一生就是不断对内对外证明自己的过程，寻找存在感，让全世界认可自己是一个永恒的主题。而沙盘游戏实际上就是一个虚拟的王国，参与者通过各式各样的王国建设，让自己得到精神方面的满足，重新获得自信。可以说，这种积极向上的心理状态，对于人们摆脱心理困扰是有着很大帮助的。

4. 母子一体性，完成缺失人格的重塑

人类有史以来最具影响力的精神分析大师弗洛伊德认为，每一个人都有着深刻的恋母情结，这种隐藏在人们内心深处的情结在婴儿时代就已经形成

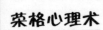

了。孩童对于母体的依恋同样会对这个人日后的行为产生巨大影响。对于一些存在精神障碍的患者来说，让他们重新体验到自己和母体相融洽的感觉，在这个过程当中完成人格重塑，这对他们摆脱心理困境是有很大帮助的。日本著名心理学专家冈田康生就做过这样一个比喻：沙盘游戏唤起你的母子一体性，就像是重新将人和母亲连接在了一起，经过第二次孕育，使这个人获得新生。

20世纪50年代，在美国威斯康星州一个叫作普兰菲尔德的小镇上发生了一件骇人听闻的惨案，警方指控一名叫爱德华·盖恩的男子身负8条人命。与此同时，警方还怀疑盖恩有盗尸、食人肉这样的变态行径，而这在民风尚未开化的时代根本就是让人无法容忍的。

事实上，盖恩是一名极端的恋母情结患者。他的一生在母亲的庇佑下长大，终身没有交过女朋友，更没有结过婚。母亲去世之后，盖恩一下子失去了精神支柱，他内心深处扭曲的恋母情结全部被激发了出来，在极端心理的驱使之下，盖恩没有安葬母亲的遗体，而是一直将它保存在自己家中。后来，盖恩又相继杀死了两名和自己的母亲外貌相似的女人，欠下了血债。

鉴于盖恩是一个严重的精神病患者，而且那所谓的8起命案大多被证明是不真实的，所以法官没有判处盖恩死刑，而是将他送进了精神病院。这个审判结果在当时引起了非常大的争议，不少精神病专家也都赶到盖恩所在的医院，试图在他身上做一些学术研究。

单纯从结果上来说，大多数专家在盖恩面前都失败了，当时盖恩正沉浸在自己的人生悲剧中不能自拔，没有人能打开他的心结。但是到了1959年，人们发现盖恩的精神状态有了明显的好转，并且从各个方面都开始展现出正常人的一面。

一开始，没有人知道在这短短的十多个月当中，在这个自闭、残忍的"食人魔"身上到底发生了什么。但是经过细致的观察之后，俄亥俄州菲尔斯研究所系主任杰罗姆·凯根指出，正是沙盘游戏解救了盖恩的灵魂。

凯根指出，一位已经无从查证的来访者送给盖恩一个沙盘，随后这个沙盘就成了盖恩最贴心的"玩伴"。在百无聊赖的精神病院中，盖恩每天都不得不用沙盘游戏来打磨时间。对于这种情况，看护人员自然也是乐得逍遥自在，甚至有些时候，他们还会和盖恩一起玩。

经过一年时间的熏陶，盖恩的精神状态有了明显好转。到了最后，他甚至成了精神病院里的模范人物，并多次得到政府的表彰。1984 年 7 月，盖恩在门多塔精神康复医院自然死亡，在此期间，他再也没有犯过严重的过错，而他慈祥和蔼的态度也成了精神病院里最能温暖人心的一部分。

由此可见，盖恩之所以能够从一个狭隘、偏激的杀人狂改变过来，甚至将过去的人格缺陷填补起来，是因为沙盘游戏中的"母子一体性"起到了关键性的作用。

"母子一体性"概念原本是一个医学术语，它指的是婴儿在出生之后脐带被剪断，由此失去了和母亲的直接联系。换个角度来说，这种出生之后最为痛苦的经历会给人今后的成长带来巨大的影响。在人的潜意识中，他们努力想要回到母体封闭、充满安全感的空间之中，这也是每个人存在恋母情结、对母亲极度依恋的原因之一。

在沙盘游戏中，沙子和水是两个非常重要的角色。在心理学家看来，沙子和水都是母性的象征，通过与这两大意象的不断接触，人们对母体的依赖

荣格心理术

程度会得到很大的缓解。

事实上，关于水和母体之间的象征性联系更多的是一个生理学命题。其实，生命体对于水的依赖是无可替代的，而人们喜欢玩水实际上就是对母体崇拜的一种表现。

那么，坚硬的沙子又是如何同母体产生关联的呢？在人出生之后，母亲对于幼儿的呵护让他们倍感柔和舒适，每当夜幕降临的时候，婴儿都会躺在母亲的怀里。这种人类历史长期积淀下来的潜意识扩散开来就会让幼儿将夜晚出现的月亮看作是母爱来临的象征。进一步说，沙子主要是由于月亮引发的潮汐运动产生的，如此一来，母性—月亮—沙子这三者之间就产生了微妙的关联。在人类历史学家的眼中，沙子也就成了母性的隐喻体。这种解释虽然看上去过于宽泛，但却是从上百万年的生物演化过程中沉淀下来的，实际上这也是一种"集体无意识"的表现。

此外，凯根还指出，在沙盘游戏中，除了沙和水之外，辅导者的角色也是非常重要的。在盖恩的沙盘游戏中，医院的看护人员适时地站了出来，他们乐意和对方一起玩这个游戏，这种亲切和蔼的态度实际上和母性的关怀是等同的。对此，凯根认为："那些不经意间参与其中的看护人员，给了盖恩非常大的帮助，对他来说，辅导者就是一种母性的象征。"

因此，盖恩将自己置身于沙盘游戏当中实际上就是一种重温母爱、解开心结的过程。可以说，沙盘游戏可以极大地让一个人感受到母性的关怀，在现实生活中大多数饱受心理困扰的人都是因为不完整的童年记忆造成的。而沙盘游戏治疗术的优势就在于，它能够帮助患者重新感受、还原自己的儿时记忆。类似的"故地重游"，对于一个人修复、重塑自己的人格是非常重要的。

5. 可以评估儿童智商的沙盘术

作为一套驱除患者心理疾病的治疗方案，沙盘游戏这种治疗术同样可以用来预测一个孩子智商的高低。在人们身患重症之后施药救人的算是良医，能够提前将一切疑难杂症都扼杀在萌芽阶段的才算是神医。这样看来，进可攻、退可守的沙盘游戏不仅能够在人发病之后给予救治，还能提早预测出这个人是否可能有心理疾病或者智力发育迟缓的问题。

著名心理学大师让·皮亚杰在赴美考察期间在威尔斯家租住了两个月。房东并不知道皮亚杰是享誉全球的心理学大师，这样反倒给他减少了不少麻烦，也让他乐得自在。

威尔斯夫妇有一个年仅7岁的孩子霍根，他看上去要比其他孩子懂得的事情多一些。对此，威尔斯夫妇颇为得意，他们总是喜欢在别人面前夸赞自己的孩子。当时，沙盘游戏风靡一时，威尔斯夫妇也买了一个沙盘，说是用来"开发孩子的智力"。

皮亚杰发现，小霍根在玩沙盘游戏的时候确实表现出了一些与众不同的地方，因为他喜欢组织其他孩子到自己家里玩，结果在同龄人给自己的"王国"中开通道路、种植树木的时候，霍根已经在创造性地使用沙子了。比如，霍根会将一些颜料倒进沙堆中，混合成不同的颜色，再把这种加工后的沙子薄薄地铺在一块大木板上，最后利用它们画出一幅幅美丽的图画。

这原本是沙画的操作过程，而一个7岁大的孩子又怎么能够懂得这一门技术呢？于是，皮亚杰上前询问霍根："这是老师教你的吗？"

霍根抬头看了皮亚杰一眼后，便低下头自顾自地玩了起来，他的嘴里还

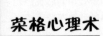

嘟囔着："我最不喜欢老师了，你走开吧，我们在玩游戏呢！"

虽然孩子表现得非常不礼貌，但是皮亚杰却深深地被对方吸引了，关于沙画的操作和演练证明了霍根的创造力是远远超出其年龄应有的水平的。现在的问题是，这个孩子到底是一个天才还是早熟儿？对人才的渴望让皮亚杰坐立不安，他千方百计地试图得到关于霍根的翔实的信息。但是，他在威尔斯夫妇口中一点儿有价值的消息都没有得到。因为在父母眼中，自己的孩子就是最棒的，根本不可能存在任何早熟的可能。

为了弄清霍根的智力水平，皮亚杰开始对其进行了长达一周的评估、检测。最后，他得到的结论是，小霍根有早熟的倾向，并不是一个天才。

当皮亚杰将这样的观点告诉威尔斯夫妇的时候，他们的脸色马上变得非常难看，他们无论如何也无法接受一个老头儿的胡言乱语。肯尼·威尔斯——霍根的爸爸这样说道："历史上有很多人都遇到过类似的遭遇，爱迪生不也是老师口中的差等生吗？好吧，我相信你没有恶意，但是这个问题就此打住。我不希望自己的孩子听到这种言论，那会让他丧失所有信心。明年我要送他去学画画，这个行业虽然现在是冷门，但是将来就不一样了，我预计过些年画家就会大受欢迎，而我的儿子将会是其中的佼佼者。"

听到这样的话，皮亚杰表示难以置信，他指出霍根的智商是 95 分，只是一个普通人的水平："在绘画方面一个人确实需要很高的悟性才能成功，我不希望让这个可怜的孩子去冒险！"

"好了，你已经说得够多了，"肯尼有些生气地说，"这是我们的家务事，你管得太多了！"

听到这样的话后，皮亚杰只好闭上了嘴巴。两个月之后，皮亚杰完成了这次旅行，回到了欧洲，他和威尔斯一家的联系也就此终断了。11年后，皮亚杰又一次遇到了威尔斯一家，本来他只是碰巧路过，结果却发现这里一点儿都没有变，于是他就敲开了威尔斯家的大门。

现在的霍根已经长成一个高高大大的小伙子了，当皮亚杰第一眼看到他的时候，他正提着一桶汽油放进卡车的后备箱里——这个时候的霍根早已经不读书了，他每天都和父母一起整理自家的农场。

正如皮亚杰所预料的那样，霍根并不是一个智力超常的人，他只是比同龄人早熟一点儿罢了。如果当初没有选择学画画，那么霍根现在或许已经考上了大学，开始了自己的大学生活。

回到瑞士之后，皮亚杰的心情变得非常沉重，他原本希望帮助威尔斯一家，但却没有成功。当然，我们在这里并不是要谴责霍根的父母耽误了孩子的前程，而是要看看沙盘游戏是如何展示儿童的智商的。

对沙盘理论有所研究的人都明白，孩子们在利用沙堆搭建出各式各样的模型时，他们的智力发育水平也就体现出来了。著名的心理学家鲍尔曾指出："在沙盘游戏中，5岁以下的儿童的作品中更多的包含着'吃'的主题；5岁之后，他们会在自己的作品中加入农场主题；5~8岁的孩子喜欢搭建道路和桥梁，或者是栽种树木等等。如果一个孩子在玩沙盘游戏的时候表现出与自己的年龄段不相符的迹象，那么家长就应该考虑，自己的孩子是不是需要接受治疗。"

而现实生活中这样的事情确实时有发生，一些智力发育迟缓的孩子没有被及时发现，结果等到大脑发育定型之后再进行二次开发就没有太大效果了。对于霍根来说，他当年只有7岁，却在做一些12岁以上的孩子才会做的事情。

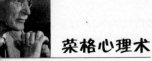

这说明他的大脑发育和自己的实际年龄是不相符的，这样的人或许是一个天才，但也有可能只是早熟。事实证明，皮亚杰的推断是正确的，他通过一些旁敲侧击的方法证明小霍根只有一个普通人的智力水平，但是无论他怎么说，威尔斯夫妇都不愿意相信这一结论，最终霍根也没能成才。

因此，沙盘游戏能够为家长们起到评估儿童智力发育情况的作用。对孩童智商发育方面颇有研究的鲍尔教授也指出，随着智力水平的提高，一个人通过沙盘游戏展示出来的作品就越具备协调性，同时也就越复杂。

在这里，皮亚杰和自己的助手通过大量的调查和总结，得出了不同年龄阶段下普通幼儿在沙盘游戏面前的"应有的表现"。

0~1岁幼儿：这些孩子还没有操作沙盘游戏的能力，在他们眼中，世界是分散的、不连续的，甚至是破碎的。当家长把这些孩子抱进沙箱里面的时候，他们会根据自己的判断将自己的"世界"延展到沙箱之外。这些孩子很少会把玩具摆放到沙箱里面，各种玩偶都会被扔得到处都是。安排位置的时候，他们也没有任何逻辑可言，小狗被塞进沙堆里，或者是布娃娃被丢到了沙箱外——一切都只不过是孩子们随意玩闹的结果罢了。

2~4岁小孩：这些孩子对空间的立体感、界限感有了一定程度的认知，但是很显然，这种认知依然是不完整的。他们的表现就是，大部分玩具都会被放进沙箱里，而且他们开始意识到沙箱就是自己的"世界"，但是由于认知能力的不完善，这些孩童利用的沙堆往往也只是整个沙箱的一部分罢了。

5~7岁孩子：处于这个年龄段的孩子已经展示出较强的结构感，他们会利用整个沙箱90%以上的面积。在摆放玩具的同时，他们也会有意识地将很多意象联系起来。这个时候，至少有两个玩具是他们有意摆放在一起的，比如在两个圆柱上面搭建一个横梁，如此等等。

8 ～ 12 岁孩子：处于这个年龄段的儿童对世界的认识更进了一步，他们已经具备了浅层次的整体概念。在玩沙盘游戏的时候，他们会通过一个单一的主题将沙箱所有的元素都结合起来，游戏的复杂性和层次性得到了凸显。但是，这个时候各元素之间的界限还是模糊不清的，比如沙箱东侧有一个山丘，山丘的旁边有几条大鱼等等。

13 ～ 18 岁孩子：此时的孩子已经可以将现实世界和象征世界结合在一起了，他们往往会给整个沙盘游戏寻找一个共同的主题。沙箱内部的所有元素都是统一并且相互独立的，参与者会利用沙子塑造出"河流""农田"等等。玩具的功能也开始多样化起来，它们可以和桥梁、树木等产生内在联系，并扮演一定的特殊角色。

总之，研究沙盘游戏理论对于儿童智力评估的意义就在于，我们可以通过孩子们的作品来判定他们的身心发育情况。如果发现自己的孩子表现出智力发育迟缓的现象，那么马上寻求医治，这是一个及时的选择。皮亚杰认为："沙盘游戏是一个人由内而外自主发散本能的过程，在此之中参与者的一切表现都是其内心真实意念的体现。因此，通过沙盘来判定儿童的心智发育水平是有着非常合理的依据的。"

6.你的孩子是一个"深蓝儿童"吗

21 世纪初期，俄罗斯研究人员爆出了一个震惊世界的观点，那就是自

荣格心理术

1994 年之后出生的孩子大多数都将是"深蓝儿童"。按照他们的解释，"深蓝儿童"是生物得到飞跃的标志，因为这些孩子的内脏已经发生了潜在的变化，他们的免疫能力也得到了成倍的增长，更可怕的是，他们或许还带有些许的特异功能。换句话说，地球上的原始居民将会逐渐灭绝，一个新的种族将会取代人类的位置，并主宰地球。这样的言论到底是真是假，现在还不能妄下定论，但是值得肯定的是，不论那些生于 1994 年之后的孩子是不是真的具备特异功能，他们都不可能逃脱沙盘理论的引导范畴。当这些孩子出现心理障碍的时候，沙盘游戏都可以轻松地将问题解决掉。

乍看上去，"深蓝儿童"的确让人感到不知所措，因为在发言者口中这些孩子已经不能算作传统意义上的"人类"了——他们是一个全新的物种，并且在各个方面都要超出自己的祖先很多倍。但是，在沙盘治疗师眼中，所有需要接受治疗的儿童都是一样的，无论你是可造之才还是"笨鸟"，在沙盘面前都是不存在任何区别的。

日本著名沙盘治疗师北川康健治疗过很多儿童，根据他的经验，还没有哪一个孩子能够抵御住沙盘的诱惑。北川康健总结说："沙盘游戏的针对面是非常广的，它适用于任何人群，同时也有着非常好的疗效。不管什么孩子，都是可以通过沙盘游戏来指导的。"

2008 年，北川康健接诊了一名 8 岁的小姑娘惠子，从年龄段来说，她完全属于新兴人类的范畴。如果按照俄罗斯专家的观点，北川康健在治疗惠子的时候将会遇到各种麻烦。而惠子殊于常人的表现也强化了这一观点，因为她和其他患者的症状是不一样的。据惠子的父母说，这个只有 8 岁大的孩子总是喜欢做出各种自残的行为，比如，用尖锐的物品在自己的胳膊上乱扎乱刺；

196

撞破鼻子后拒绝用纸堵住鼻孔，任由鲜血不停地流等等。

　　"我没有发现任何不一样的地方，她的治疗过程和其他孩子的一模一样，"百川康健说，"我给了她一个沙盘，还有很多女孩子喜欢的玩具，结果她第一天就在那里玩了很久，而两个月之后她就痊愈了。他们曾经试过很多办法，也花费了很多时间，但是我敢肯定我的办法是最好的。"

　　事实也确实如此。在找到北川康健之前，惠子的父母曾带着女儿寻访了很多医生和儿童心理专家，同时也吃了很多药，但是一直没能治好孩子的病。直到一位心理学家向他们推荐了北川康健，一切才有了转机。

　　起初，惠子同样也是很少说话，她将注意力都集中在沙子上。北川康健注意到，惠子最初玩沙的时候总是喜欢在自己的作品中加入一些相对悲观、残忍的元素。她不断地将玩偶埋进沙堆里面，扬起沙子掩盖在它们的身上。

　　对于这种行为，惠子的父母非常焦虑，他们觉得女儿玩耍的方式过于极端、暴力，几近一种悲观、绝望的展示。当他们想要上前引导孩子时，北川康健却阻止了他们。在北川康健看来，这是惠子自我宣泄、自我调节的一种方式。第一天的沙盘治疗结束了，惠子留下的沙堆呈现出了掩埋、倒置、残缺的迹象，北川康健认为这是一种非常好的现象。

　　在随后的一段时间里，惠子的沙盘越来越温馨了，而她的父母也告诉治疗师，他们的孩子正在变得容易沟通、爱说话了。3个月之后，惠子的父母停止了对孩子的治疗，此时的惠子已经基本摆脱了畏惧交流和自残的困扰。

　　对此，北川康健说："我做这一行已经22年了，其间见过很多奇怪的病症，而且在我看来没有什么困难可以难倒我。"当有人将"深蓝儿童"的观点告诉他的时候，北川康健大笑了起来，并说道："我听过这个话题，很有趣，但是真假未知。可以说，我接待过很多符合'深蓝儿童'年龄段的孩子，但是他们当中没有一个人对沙盘治疗产生抵抗力。换句话说，在沙盘面前，所有儿童都是一样的。"

这样看来，在儿童教育方面，沙盘游戏治疗术是非常有效的，北川康健用他的个人经历向大家证明了，沙盘游戏对于每一个孩子都是适用的。当然，在提到"深蓝儿童"是否存在这一话题的时候，北川康健也显得模棱两可，他只是简单地表示，那些出生在 1994 年之后的孩子在与社会的融合方面显得难度更大一些，他们面对的心理困惑也更突出一些。

"或许这就是你们所说的'深蓝儿童'，"北川康健打趣说，"他们和周围的人群有着内在方面的不同，所以交流起来很困难，同时也让他们感到非常沮丧，精神的困扰也就应运而生了。"这虽然是北川康健的一句玩笑话，但是我们也应该注意到，进入新世纪之后，有关于儿童心理困惑的话题愈演愈烈，采取一些必要的措施帮助、引导孩子走出困境，是非常有必要的。这个时候，如果孩子的父母抽不开身，那么给孩子买一个沙箱，鼓励他们玩玩沙盘游戏也不失为一个很好的办法。

7. 心理治疗师必知的六大心理模具原型

在沙盘理论中，另外一个值得注意的关键点就是"模具原型"，治疗师可以通过参与者使用的玩具推断人物心中所想，由此探知对方的内心世界。而关于原型理论的释义，众说纷纭，第一个提出"文化原型"概念的英国人类学家爱德华·泰勒认为，人类最早的原型文化是隐藏在"巫术"当中的，原始人认为万物皆有灵，那些花鸟虫鱼、飞禽走兽都可以和人产生交感。

随后，荣格将这个理念引入到自己的无意识理论当中，他认为原型就是一种人类"典型的、始终如一，并且规律呈现的理解方式"。在他看来，参与者在沙盘中摆放的每一个模具都可以找到对应的"文化原型"，心理治疗师就根据这一点来评估患者的内心所想。比如，有人在沙盘中放了一只玩具狮子，那么这"狮子"就不再是一个简单的玩具，而可能代表着对王者和对控制力的向往。随着沙盘理论的不断发展，心理治疗师也总结出了几个非常经典的原型。

（1）智慧老人原型

在人类的潜意识中，年长者就是智慧的化身，这是人在幼儿时期对父母崇拜的延伸和变异。也就是说，人类对年长者有一种潜在的推崇，将这种观点抽象出来就成了"智慧老人原型"。在沙盘游戏中，"智慧老人"往往会被垂钓老翁、摆渡者等代替。在治疗师看来，如果一个患者的沙盘中出现了"智慧老人"的形象，那么他在潜意识中就是渴望得到帮助、提点的。

（2）英雄原型

英雄情结是人在动物形态下的强者心理以及父系崇拜引发的，具体到沙盘游戏中，如果一个人在沙盘上摆放了高大强壮的足球运动员，或者是雄狮、大象，或者是其他历史伟人等，这就说明了眼前这个人对英雄的推崇以及成为英雄人物是非常渴望的。他努力试图让自己跻身其中，但是就眼前的状况来说，这很可能只是一种理想罢了。而对于在沙盘中摆放英雄模型的人，他们或者希望生活中出现英雄，或者希望自己本身就是无人能敌的超人。这也说明了，他们对于外在环境是充满怀疑和不信任的，并且在内心深处充满了被保护的渴望。

（3）上帝原型

在人类历史上，上帝和神灵都代表着一种信仰和臣服。在沙盘游戏中，"上帝原型"往往是由足球裁判、耶稣、真主安拉等来扮演的。将上帝元素注入自己的作品当中的人，其内心世界往往都是空虚、失落的，严重者甚至已经放弃了"自己所剩无几的生命"。当然，我们并不是说所有玩沙盘的人都会出现类似情况，而是有所特指的。荣格也说："一个好奇的孩子在沙盘当中摆放的上帝模型和一个颓废、封闭的中年人摆放的上帝模型，是应当区别对待的。小孩子这样做或许只是出于自己的创造力，而中年人则很有可能已经对现实绝望了。"

（4）人格面具原型

所谓"人格面具"，就是指人们在社会交往中公开展示给其他人的一面。这一点和"虚伪""欺骗"是有所不同的，因为它更多指的是人们的生存状态。具体到沙盘游戏中，治疗师就会指着沙盘当中的所有玩具，对参与者提出"你是哪一个"这样的问题。当参与者指出具体玩具时，治疗师就需要通过这个意象的身份、职业、功能做出判断。

在一次沙盘游戏中，10岁的小男孩德文·费沃斯在沙盘中摆放了一只狼、两只羊、三条狗，然后声称最小的那只羊就代表着自己。这时，治疗师乔治·库勒做出了如下分析：羊的性格是温和、软弱的，而在它身边虎视眈眈的大灰狼则构成了羊世界中最危险的元素。与此同时，猎狗和羊羔之间的关系也非常微妙，羊群既要依靠猎狗的保护，同时也要提防自己不会被对方反噬，甚至在很多时候它们还非常痛恨自己身边有这样一个紧紧相随的监控者。

因此，库勒建议费沃斯的父母不要过分限制孩子的自由空间，相反应该多鼓励和安慰他。库勒说："这个孩子把自己看作是弱小的羔羊，而在他的潜意识中，那 3 条猎犬就分别代表了他的父母以及学校老师。而那只狼或许并不具备明确的指向性，更多的意味着人们心中与生俱来的灾难意识。在这里，说那只大灰狼是指具体某个人或者参与者本身的恐慌心理，也都是能够接受的。"

（5）阿尼玛和阿尼姆斯原型

前文已经提到，所谓"阿尼玛"，指的是男性心理中偏女性化的一面，而阿尼姆斯则恰恰相反。具体到现实生活中，我们发现其实很多外表强大、绝不妥协的男子背后都有脆弱、敏感的一面。对于这种现象，荣格解释说，男人身上带有女性倾向，而女性的内心深处又有着男性心理，这是全人类的共性。

在沙盘游戏中，如果治疗师发现代表参与者自己的玩偶附近又摆放了另外一个人物，那么他就可以通过第二个玩偶的外貌、社会功能等看出参与者本身的心理诉求，探知他（她）到底是一个"阿尼玛"，还是"阿尼姆斯"。

（6）阴影原型

在每个人的内心深处或多或少都会带有一些攻击他人、满足个人私欲的本能冲动，这就是所谓的"阴影"。在沙盘游戏中，怪兽和魔鬼等意向都是阴影原型的代表。如果一个人在沙盘游戏中放置了很多类似的玩具，那么治疗师就会了解到，这个人内心中的郁结是非常强烈且亟须释放的。

总之，对治疗师来说，他们能够掌控的就是通过上述这些"原型"来探

知参与者的内心世界。对于原型理论，荣格自己也是非常推崇的。他认为，所谓的"原型"可以非常真实地将一个人的潜意识反映出来，而且在此期间，参与者本身还不会意识到自己的"秘密"已经外泄。

因此，只要掌握了沙盘游戏中的原型文化，心理治疗师就可以顺利评估来访者心中到底在想些什么，以便对症下药。当然，荣格也很清楚，所谓的"原型"更多的是为治疗师提供一些参考，如果强行对号入座，也会带来很多麻烦。

8. 用色彩来治愈心理创伤

在卡尔夫提出沙盘理论之后，这种神奇的治疗手段便立即成为全世界追捧的对象。但是，理论在传递过程中难免会出现疏漏，在一些看似不起眼儿的设计上往往隐藏着非常重要的信息，沙箱的色彩就是其中之一。

1962 年，《波士顿邮报》的记者爆出这样一个猛料：所谓的沙盘游戏治疗术根本就是无效的！此时距离荣格去世还不到一年时间，这样的言论自然引起了轩然大波。

其实，媒体的揭露也是有道理的，沙盘理论被公之于世后，不少人从中发现了商机，其中就有一些不明就里的跟风者。在这些人眼中，沙盘游戏治疗术操作简单、成本低廉，同时又有着非常好的疗效。更重要的是，它没有毒副作用。

"二战"之后美国青年依然留有"垮掉一代"的影子，很多人都饱受精神困扰，他们不得不四处寻求解脱自己的方法，这也是心理治疗风靡一时的原因。鉴于以上几点，很多人都开办了相关的治疗室，并且用自制的沙箱开导患者。

然而，操作者本身有限的素质和水平极大地降低了沙盘游戏治疗的效果。其中，3名来自波士顿的心理治疗师联手向媒体抱怨沙箱游戏根本不能起到预期的效果，自己所做的投资都打了水漂，而这也成了整个事件的直接导火索。

但是，这种质疑声很快就遭到了不少同行的声讨，大批治疗师马上反唇相讥，向媒体表示沙盘游戏确实能够给患者带来非常理想的效果，希望那些心地阴暗的人不要妄下论断。

同样一套理论，为什么会有人支持，有人反对呢？实际上，是因为人们在设计沙箱的时候出现了问题。事实证明，沙盘游戏确实能够帮助患者打开心理郁结，而那些说沙盘游戏"不起作用"的人全部都是在沙箱的颜色上出现了问题。

当时，很多人都是自己制作沙箱，在他们看来，单调的蓝色或许看上去过于质朴了，同时也不够养眼。所以，不少人给沙箱画了不少漂亮的图案，甚至还有一些顶级大师的临摹本等等。实际上，正是这种画蛇添足的做法让这个神奇的治疗手段威力大减。为了维护恩师荣格的名誉，卡尔夫还专门调查了整个事件的来龙去脉，并且专门通过媒体澄清了这件事。

卡尔夫指出，在治疗过程中，沙箱的颜色也是一个潜在的治疗手段。由于一部分治疗师改变了沙箱的颜色，他们的治疗效果自然就会不佳，甚至根本无效。根据自己的总结，卡尔夫认为，让沙箱保持蓝色是有极为深刻的道理的，而这对于患者的康复有着非常重要的作用。

（1）蓝色可以对人的思维过程和行为产生心理以及生理方面的影响。由

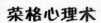

于蓝色是一种冷色调，长时间处于蓝色的包围之中，人会感觉到非常压抑，婴儿在这样的房间中也会哭个不停。可以说，人在蓝色的暗示之下会不自觉地产生一种焦虑的心情。而在这种心情下行动的时候就会表现出神奇的创造力，继而推动病情的好转。卡尔夫解释说："一个人如果长时间被蓝色包围，他就会产生焦虑的情绪，同时心中也会产生改变现有环境的冲动。如此一来，那些拒绝同外界产生联系的患者也就能够主动参与到治疗过程中了。"

按照卡尔夫的观点，蓝色的沙箱可以调动患者改造世界的欲望，鼓励他们和外界产生联系。为了更好地阐明自己的观点，卡尔夫还举出了另外一个例子，那就是设计者专门把沙箱设计成长方形，也是出于同样一种目的。因为不太规则的长方形更容易引发参与者的焦虑和骚动，他们会产生一种急于想要对眼前的事物进行修正的冲动。

（2）蓝色的沙箱同沙子本身形成的层次感可以强化治疗效果。很显然，对比其他颜色，沙子和蓝色之间的对比度是比较明显的，很多治疗师都将自己的沙箱画得五颜六色，结果降低了沙箱和沙子之间的区分度。如此一来，二者之间的界限模糊了，治疗效果也会随之下降。

更重要的是，当患者将沙子挖开，刨到一边的时候，蓝色的箱底就会展示在他们的眼前。这实际上是一种"在生命最干渴的时候挖掘出水源"的象征。在看到这一幕之后，患者的精神会得到极大的慰藉，而他的心结也会由此被打开。

（3）蓝色激发人积极向上的联想，可以起到滋润心灵的作用。卡尔夫认为，蓝色是水和生命的象征，所以人们在看到水之后很容易就会产生一些美妙的联想，并且产生成长的幻觉。这一种良好的刺激对于调节个人心情、打开心理郁结有着非常好的效果。从一定程度上来说，蓝色带给人的压抑和焦虑感完美地同"愉悦"结合了起来，二者之间虽然势同水火，但却互相平行，相得益彰。

总之，在沙盘游戏治疗过程中，沙箱的色彩是非常重要的。就目前得到的结果来看，蓝色确实可以对患者起到良好的治愈作用。而在沙盘游戏最初兴起的时候，一大批跟风者为了追求绚丽的色彩，改掉了沙箱原本的蓝色，最终造成了疗效不显著，甚至是"零疗效"的结果。

9. 用积木替代沙盘行不行

如果单纯地从操作过程上来看，沙盘游戏和孩童们玩耍的积木也是有很大相似点的。但是很显然，沙盘游戏可以帮助一个人治疗自己的心理疾病，而积木却不可以。对此，荣格也做了相关的研究。在他看来，玩积木在打开个人心理郁结、治疗心理疾病的效果上根本无法和沙盘游戏相提并论，它虽然也能够起到一定的治疗效果，但是和沙盘游戏相比的话就显得微乎其微了。

其实，荣格对这一种现象的发现还要归功于一位名叫弗拉迪·乔伊斯的"沙盘游戏发烧友"。1958年，当时卡尔夫的沙盘理论盛极一时，几乎所有人都被这个设计简单，同时又易于操作的心理治疗方法迷住了，犹太裔商人乔伊斯就是其中之一。他的目的是研发出另外一套治疗工具，如果运作得当，他就可以利用这套工具赚到大钱。

当时，他仔细地研究了沙盘游戏操作的全过程，随后将目光集中到了积

木上面，因为在他看来，这两个都以自由建设为主题的游戏实在是太相似了。为了规避风险，乔伊斯先是在自己 7 岁大的儿子保罗身上试验了一下，当时保罗也正好受到抑郁症的困扰，正在运用沙盘游戏进行治疗。

于是，乔伊斯果断地将沙箱从儿子面前拿走，取而代之的是一盒漂亮的积木。他对保罗说："你是一个大孩子了，不要继续玩那些脏兮兮的东西，现在这里有一盒积木，我觉得它们更好一些。"

保罗听后没有说话，但是看得出来，他对父亲的这个决定有些失望。在随后 1 个月的时间里，保罗的状态没有发生任何明显的变化，他依然闷闷不乐，同时也很少和其他人交流。而且，对于那盒漂亮的积木他也没有表现出太大的兴趣，总是将它们丢在一边。看得出来，用彩色积木来代替沙盘游戏是不会起到任何治疗效果的。

对于这种现状，乔伊斯有些犹豫，他已经觉察到，在打开心理郁结方面，积木游戏是不能取代沙盘的。但是现在的情况是，即便是有万分之一的可能，乔伊斯觉得自己也应该努力尝试一下，假如保罗只是一个特例的话，那么他就可以通过积木游戏赚到很大一笔钱。按照这种想法，乔伊斯和一家玩具公司签订了合同，从对方手里预订了 500 套积木，并且煞有介事地打上了"益智""治疗心理疾病"这样的幌子。

当然，最后的结果是，所谓的"积木游戏治疗术"的市场反馈非常糟糕，乔伊斯首批运作的商品积压在自己手里。在前 3 个月的时间里，乔伊斯手中的积木一共售出了 92 套，而且出现了很多"退货"现象。到了最后，乔伊斯只好撤下"益智"和"心理治疗"的幌子，将这批玩具以普通积木的价格转卖了出去。

如果单纯从一个商业经营的角度来看，乔伊斯最后将手中的积木倒手卖了出去，他并没有损失很多金钱，那些宣传、包装带来的经济损失只能算是九牛一毛。但是，商人的本能让乔伊斯坐立不安，不算惨重的投资失败让他刻骨铭心。于是，在经过一番思索之后，乔伊斯特意寻访了荣格本人，向他寻求答案。

面对乔伊斯千里迢迢的登门拜访，荣格非常感动，在听完对方的话语之后，他告诉乔伊斯说："你的想法是正确的，但是从专业的角度来分析，积木和沙盘之间失之毫厘，谬以千里。"为了让乔伊斯明白自己的意图，荣格还专门将这两个方案做了对比，以此凸显沙盘游戏的优越性。

（1）沙土类似"水"的象征意味。生命起源于水，所以人类对水以及和水有关的事物都有非常特殊的情感。从整个人类发展的角度来说，人类渴望靠近水、得到水的情感是非常显著的，而流动的沙子也可以看作是流水的象征。

荣格解释说："在人们玩耍沙子的时候很容易会联想到和沙土特质相似的水，进而在'流水'的影响下，人的心态也就非常容易朝着健康的一面发展了。实际上，这是一种集体无意识的变异体，残留在人类脑海中关于水的先祖记忆让所有人都对流水有一种特殊的情感。因此，在面对另外一种流体的时候，人们的内心中自然而然地激发出了一种积极、健康的活力，治疗也就由此开始了。"

可以说，沙土本身和流水之间的同比性很容易唤起患者内心深处积极向上的一面。很显然，沙子的"流水隐喻"对心理疾病的疏导有着非常显著的作用。

（2）沙土超强的可塑性可以最大限度地激发患者的创造力。通过对比我们不难发现，沙土的可塑性远远胜于积木。荣格告诉乔伊斯说："在沙箱里，参与者可以塑造出任何自己想要的东西，以便于情绪的宣泄，而积木却不可以。只要仔细观察，我们就会发现，积木预留给参与者的操作空间是非常有限的，而这种在限定区域内'自由发挥'的心理暗示会让人不自觉地约束自己的想象力，从而最终削弱治疗效果。"

因此，表面上看来沙盘和积木都是以建设为主题的游戏，但是两者之间却存在着本质上的差异。沙子本身的流体特质为它带来了飞天遁地的可塑性，与此相反，积木的"半成品"特性不自觉地限制了参与者的能动性。千万不要小看了游戏当中自由发挥的力量，正是那些"不设限"的发挥空间成功地激发了参与者的想象力，继而使他们全身心地投入到游戏当中。

（3）触觉优势让你迷上玩沙子。相对于棱角分明的积木，沙土还有一个非常显著的优势，那就是触觉优势。细小的沙粒能够非常顺滑地从人们的指尖、指缝中流过，这种绝对的填充感会让人投射到思维方面。按照荣格的解释，当一个人的指缝被沙子填满时，他会在潜意识中认为自己的思维，甚至人生也是充实的。而这种积极的自我暗示对于打开心理郁结也有着非常积极的意义。

当然，这些理论对乔伊斯来说显然是缺乏实际意义的。不过，荣格随后也向他的营销提出了一个行之有效的策略："你可以换一种说辞，告诉客户积木游戏已经得到了专家的认可。毕竟你以前的宣传语显得太过中庸、模棱两可，是很难取得良好的效果的。"

按照这个办法，乔伊斯的积木逐渐有了销路。因为很多人在"成功典范"的暗示下不断地肯定积木游戏的治疗作用，这实际上是一种自我修复的表现。很显然，这种由内而外的积极暗示对于心理压力的缓解有着良好的作用。但是说到底，这种做法不可能让积木游戏永葆青春，所以乔伊斯在收回本金之后也就早早地全身而退了。

10. 通过艺术情结去治疗内心的伤痛

沙盘游戏之所以能够取得如此大的成就，实际上还与人类对艺术的膜拜有着密不可分的关系。对于人类而言，艺术实际上是一种游戏的延伸和变异。在人们的潜意识中，对于艺术的研究和发现都是非常高深、伟大的。具体说来，沙盘治疗同样也是一个艺术表现的过程，它的意义就在于，个人通过沙土将自己心中所想刻画到沙箱当中，从而完成一件艺术作品。在此过程中，参与者的内心世界得到了净化，并且会因为自己的成功操作而备感欣慰，并达到自我治愈的目的。

1975 年，一名叫安亚迪·阿琉比斯的葡萄牙中年男子在经历了一次失败的恋爱之后离家出走半年多，后来终于被成功寻回。

回到家之后的阿琉比斯一遍又一遍地玩出一些新花样，比如戴上一顶插着大红花的帽子，穿非常沉重的大头皮鞋等等。最过分的一次是，阿琉比斯买来了一块足够大的塑料布，然后将其蒙在一个用藤条编织成的大圆球上，他则剃掉自己全身的毛发，赤身钻进圆球当中，然后在大庭广众之下从圆球当中钻出来。

在一次又一次的"表演"之后，阿琉比斯的家人终于忍无可忍，他们将这个整天"胡思乱想"的家伙送进了精神病院。原本事情到这里也就告一段落了，但是随后精神病院却开出了"一切正常"的鉴定书。就这样，阿琉比斯不得不又回到了自己的家中。

实际上，精神病院的护士们是受不了阿琉比斯的"瞎折腾"，随后才开出了这样的鉴定书。也就是说，在当时能够接受阿琉比斯的或许只有他自己了。在众人的不解和谴责声中，阿琉比斯患上了严重的焦虑症，他逐渐变得沉默了。最后，在压抑了整整一个冬天之后，这种郁结完全爆发了出来：由于一次小小的争吵，阿琉比斯打死了邻居莫塔·里卡德。这在里斯本的民风淳朴的辛特拉小镇上可是一件大事，愤怒的居民围住了法院，强烈要求将凶手处以极刑。阿琉比斯的家人也不好过，他们被人围堵在家中，甚至连白天都不敢出门。

最后，法院顶住压力没有将阿琉比斯处死，而是将其关进了里斯本中心监狱，这件事在当时激起了民愤。与此同时，各大报纸也在一旁煽风点火，消息很快就传到了伊比利亚半岛之外，传入了格莱特·荣格的耳朵里。

凭借敏锐的直觉，格莱特马上意识到，正是由于生活当中一些无谓的积怨让人们又失去了一个艺术天才。格莱特一边惋惜，一边打理好行装赶赴里斯本，和这位"艺术天才"见了一面。

果然，在和赏识自己的人交流的时候，阿琉比斯显得非常镇定。但是很显然，他依然没有从抑郁中走出来，他还是一个病人。格莱特从看护人员的口中得知，阿琉比斯的脾气非常糟糕，他总是喜欢冲着别人大吼大叫，并且还有自虐倾向。

为此，格莱特建议运用沙盘游戏治疗术对阿琉比斯进行治疗，并最终得到了监狱管理层的同意。事实上，这个过程并不需要付出很高的代价，所以没过多久阿琉比斯单独居住的牢房中就有了一个沙箱。而事实也证明，这个沙箱给阿琉比斯带来了非常大的帮助，他的脾气逐渐温和了起来。在随后的一段时间里，监狱长多次将阿琉比斯的作品拍成照片，与其他人一同分享。

到了后来，阿琉比斯开始学习绘画，他每搭建好一个沙堡都会拿笔将眼前的画面记录下来。久而久之，阿琉比斯在那个监狱中也成了小有名气的"艺术家"。最终在 1990 年，阿琉比斯被提前释放。要知道，如果按照此前的精神状态，他根本不可能被提前释放。

出狱之后的阿琉比斯移居到了美国，在这里，他有幸结识了著名心理学家赫伯特·亚历山大·西蒙。在听到阿琉比斯的故事之后，西蒙得出了自己的结论——他研究了对方的经历，并得出了"艺术家情结"这一结论。

在西蒙看来，年轻时的阿琉比斯是一个极具艺术天分的人，他总是能够通过各种方式将自己的所见所闻表达出来。然而不幸的是，他的行为并没有得到他人的认可。也正因为如此，阿琉比斯开始郁结起来，当这种郁结堆积到一定程度之后，他就变成了一个"恶棍"、一个"不可调教的野蛮人"。

"每个人的身上都带有浓厚的自恋情结，他们都认为通过自己的努力可以给世界带来有价值的改变，"西蒙说，"但是现实生活并非如此，很多事情是不能改变的。在这种情况下，人们就只好移情他处，以此证明自己的个人能力。"

对阿琉比斯来说，他正是这样的一个人。在他看来，自己是一个极具艺术天赋的人，可以通过各种手段来展示自己的艺术才华。像此前戴插上大红花的帽子、穿上大头皮鞋等，都是一种个人才艺的展示（包括到最后那个赤身进出大圆球的创意，也是一种关于"诞生"的艺术性隐喻）。事实上，格莱特的判断并没有错，阿琉比斯确实是一个出众的艺术天才，他的创意是令人称奇的，只不过在很多时候这种才华被压抑，到头来为阿琉比斯带来了灾难性的后果。

既然每一个人都带有浓厚的自恋情结，并且将自己看作是一个"空前绝后的艺术家"，那么沙盘游戏又是如何疏导这种情结，让一个人从病态的自恋中走出来，并重新面对生活的呢？在这里，西蒙总结了以下几点，以此来说明问题。

首先，沙盘游戏与行为艺术之间有着非常密切的联系。所谓"行为艺术"，就是参与者把自身作为艺术媒介的一种艺术形态。换句话说，就是艺术家们通过一些角色扮演，让自己融入到艺术表演过程中。若单纯从这个角度来说，沙盘游戏和行为艺术之间似乎依然存在着不小的差距，但是如果听取了格莱特的论述，一切也就豁然开朗了。

格莱特说："从表面上看，沙盘游戏的参与者是游离在沙箱之外的。但是，如果我们进一步思考就会发现，实际上沙盘游戏的操作者一直都在充当着扮演者的角色。沙堆当中的某一个工人或者是某一个卡车司机都有可能是操作者潜意识中的'自己'。从这个角度来看，每一个沙盘游戏的参与者也都是沉浸在'虚拟的行为艺术'之中的。可见，沙盘游戏和行为艺术之间实际上是有着非常紧密的联系的。"

可以说，在一个搭建成型的沙盘当中一定会有一个意向是指代创建者本人的。在这个过程中，创建者通过幻想帮助自己完成一次又一次的行为艺术。因此，格莱特总结说，通过沙盘游戏，一个人就可以顺利地体会到艺术的张力，自身对艺术的追求和渴望也就能够得到极大的缓解。具体到阿琉比斯身上，他可以通过沙盘游戏的方式将自己和艺术联系起来，最后使自己成功地从困境中走出来。

另外，人们在进行沙盘游戏的时候可以切身投入到艺术创作中，由此感知艺术的美感。在格莱特看来，每一个人的内心中都有着扮演艺术家角色的冲动，这也就是所谓的"艺术家情结"。只要通过一定的条件帮助自己"过了艺术家的瘾"，他们心里的郁结自然也就消失了。

对阿琉比斯来说，他在沙盘游戏的帮助下成功地完成了角色扮演，满足了自身的艺术追求，最后成功地从此前的心理困境中走了出来。实际上，这就是通过艺术目标的实现和完成来证明自我、肯定自我的一种做法。

由此可见，阿琉比斯的成功证明了每个人都有一种渴望完成艺术创作、彰显艺术天赋的冲动。对很多人来说，孜孜不倦地追求艺术无疑是人生的一个重要目标。在阿琉比斯年轻的时候，他对艺术的追求遭到了众人的质疑和反对，结果给周围环境造成了巨大的伤害。而当他接受沙盘治疗之后，一切才有所好转，沿用西蒙的原话："每一个人的内心中都有一种通过艺术张力来证明自己存在的欲望，阿琉比斯则是其中的佼佼者。在这里，沙盘游戏的外因诱惑并激发了他内心深处的艺术家情结，两者合二为一，最终为他本人的康复带来了巨大的帮助。可以说，沙盘游戏的心理康复作用是绝对不能低估的。"

11. 通过沙盘游戏探知不在场者的内心世界

一个优秀的沙盘治疗师可以通过自己的手段看到对方的心理变化，它的理论依据就是：得之于心，应之于手，形之于沙。在现代火炮研发上有"间瞄"

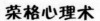

和"直瞄"的区别。一般说来，"间瞄"系统对操作者的要求很高，它可以在看不见实体目标的情况下向对方发动攻击。实际上，沙盘理论也具备同样的特点，高明的治疗师甚至可以在看到一个人完成的沙盘作品之后推导出和参与者本人有关的第三者，并据此给这个素未谋面的第三者做出正确的判断。

1960 年夏，一名头发花白的大叔来拜访荣格。当天，荣格正好外出，于是卡尔夫和格莱特接待了客人。这位大叔抱怨说，自己的儿子已经 32 岁了，却依然坚持单身。而他来这里的目的就是希望大师能够给自己一些有效的建议，帮助自己的孩子走出困境。这位大叔名叫博尔特·里卡多，他的儿子名叫法瑞尔。

根据里卡多的叙述，他的儿子法瑞尔似乎对婚恋的态度十分冷淡，而且随着年龄的增大，他越来越讨厌婚姻，甚至一再逃避这个话题。里卡多说，其实他和老伴儿并不担心孩子年过三十依然不愿意寻找结婚对象，他们害怕的是儿子已经从心底里关闭了谈婚论嫁的大门。

"我敢保证他的性取向不存在任何问题，"里卡多说，"因为在法瑞尔 19 岁的时候，他曾经领回过一个女孩，两人的关系也很不错。"

由于卡尔夫对沙盘游戏非常推崇，于是她建议里卡多将儿子领到这里来接受沙盘游戏的治疗。对于这一种建议，里卡多马上拒绝了，他回答说："这是不可能的事情，法瑞尔是无论如何也不会接受这么幼稚的治疗手段的。你也不应该告诉他我来过这里，他的神经有问题！"

最后，还是格莱特提出了一个巧妙的办法，她让里卡多就地完成一次沙盘游戏，然后以此推导法瑞尔的心理状态。

很快，里卡多的作品完成了，他在沙盘的中间设计了 3 座陡峭的山峰，中央的那座山峰上面有一只安静的白兔；群山对面是一汪湖泊，一只仙鹤从中缓缓而来；在山腰处，还有一只努力向山顶爬行的小蜜蜂。

从地理位置上来看，白兔似乎既在盯着蜜蜂，又在望着仙鹤，显得犹豫不决。看到这种情况之后，卡尔夫实际上已经在心里得出了答案。但是为了确认自己的结论是否正确，她还是追问了一句："能说说兔子在你心目中的地位吗？"

"啊，我很喜欢小兔子，它们很温和……当然，这也和我自身的条件有关，因为我的父亲是一个墨西哥人，那里的小孩出生之后都会得到一个相应的属相，而我的属相就是兔，因此我很喜欢兔子。"

很显然，在这个沙盘中，白兔就是里卡多的隐喻体。有了这些结论之后，卡尔夫对来访者的分析也就更加顺畅了。她进一步询问对方："现在告诉我，你的内心世界是否充满了矛盾？或者更直接一点儿，你本人对于婚姻的态度是不是正处在一个分岔路口上，而你的孩子也因此受到了极大的干扰？"

在卡尔夫的再三追问之下，里卡多终于承认了，除了妻子以外，他还长时间和另外一个比自己小 12 岁的女人保持着非同一般的关系。

"这样的情况已经有多久了？"

"具体我记不清了，我不知道我们的这种关系维持了多长时间。"

看得出来，对于自己的婚外情，里卡多自己也很难面对，但他越是极力掩饰，就越能证明他出轨的历史之久。于是，卡尔夫又问了一句："那么，对于眼前的状况，你的家人知道吗？他们是如何看待这个问题的？而你又是怎样一打算的呢？"

里卡多沉默了好一会儿，最终回答说："他们都知道，但是没有人说什么。

对于两种生活，我都很留恋，我想要将她们都留在自己的身边，虽然这听上去有些荒谬，但却是我真实的想法。"

"你应该停止这种生活了，先生！"卡尔夫对他说，"看得出来，你是一个有身份的人，但你现在的做法伤害了太多的人。因此，不要责怪你的儿子不愿意靠近女性，他只是被你的经历吓到了而已。听我说，每一个男人在选择配偶的时候都会不自觉地拿自己的母亲作为参照物，相信尊夫人已经在你的摇摆不定中变得暴戾了，而你现在疲于奔命的状态也对法瑞尔提出了警告——可以说，如果你不停止现在的生活，那么你的儿子将永远不会从自己的圈子中走出来。"

按照卡尔夫的解释，一方面，法瑞尔觉得自己的母亲变得越来越不可理喻；另一方面，看到自己的父亲在两个女人之间不停地周旋、应付，于是他便患上了"女性恐惧症"，并因此拒绝结婚。所以，卡尔夫对里卡多说："好了先生，是时候做出决定了。如果你还想让自己的孩子结婚的话就马上做出决定，和那个女人分开吧，尽力挽救自己的婚姻，并且表现在生活中！"

听完这些话后，里卡多沉默了很久，最后说："谢谢你们的好意，我会认真考虑你们的建议。"

半年之后，格莱特收到了一封感谢信，署名者正是里卡多，他在信中说，自己已经解决了家庭困扰，法瑞尔已经和一名温柔的英格兰女子订婚了。

"一切都重归正途了，"里卡多说，"谢谢你们的帮助。"

通过这一次的沙盘游戏，卡尔夫成功地看出了参与者背后另外一个人的心理特征,这种"看透人心"的做法和所谓的"间瞄火炮"有着非常多的相似点。那么，卡尔夫又是如何通过里卡多在沙盘游戏中的表现透视出法瑞尔的心理状态的呢？

（1）通过沙盘上的动物的特性置换出其背后隐喻者的心理状态。可以看到，里卡多在沙盘上放置了 3 个个性迥异的小动物，分别是仙鹤、蜜蜂、白兔。卡尔夫解释说，由于里卡多原本是属兔的，所以在他的潜意识中自己和兔子身上的一些特性是相似的。在人的主观意识中，兔子的一般共性就是温柔、敏感，繁殖能力强，但它们同时也显得优柔寡断，容易逃避。因此，卡尔夫也将这种共性延伸到了里卡多身上，她认为对方的内心中也是非常犹豫、很难做出决断的。同时，兔子对于自我复制的渴望反映到里卡多身上就成了婚外情，这一点从他摆放的 3 个相互眺望的动物模型上面就可以略知一二。

那么，再看看另外两个动物的特性：蜜蜂代表着勤奋和温馨，同时也有蜇人的毒刺。在里卡多的潜意识当中，蜜蜂就是妻子的隐喻体，她对于家的支持和付出是让人非常感动的，但是与此同时，她又是里卡多婚外情道路上的拦路虎，这就是"毒刺"的隐喻。而另外一个仙鹤模型则是情人的指代物，在大众观点下，仙鹤是高贵、唯美、不宜靠近的，这样的判断同样也与"情人"的特质相重合。

因此，在经过一番判断之后，卡尔夫认为里卡多正陷在一场三角恋情中，并且由此影响了儿子的婚姻价值观，这一点是有理有据的。

（2）父亲身陷婚姻的泥沼，儿子潜移默化得真传。既然卡尔夫分析出里卡多已经在婚姻方面出现了问题，那么他的儿子又是如何深受其害、拒绝婚姻的呢？卡尔夫指出："对于一个家庭而言，父母之间的矛盾会给子女的成长带来极大的伤害。很多孩子成人之后不能和另一半保持和睦的关系，这在很大程度上要归罪于幼儿时期他们看到过多的争吵。所以，当我们看到里卡多正处在一个剪不断理还乱的环境中时，推导出法瑞尔的心理状态也就显得顺理成章了。"

在卡尔夫看来，在自身性取向没有问题的情况下，父亲糟糕、混乱的婚姻状况很可能会对法瑞尔蒙上极大的心理阴影。与此同时，受伤最深的母亲也会发生明显的变化，而法瑞尔则会由于母亲日益上升的怒气而产生"女性恐惧"——拒绝和其他女士交往。从另一个角度来说，由于婚外情是"隐藏在水面之下的"，所以在法瑞尔的知觉中，母亲就成了家庭矛盾的制造者，这也在他的潜意识中形成了一种"女性仇恨"。基于以上原因，他拒绝结婚也就显得非常合理了。

因此，一次简单的沙盘游戏同样可以引申出一连串的相关信息。通过参与者的沙盘来探知对方的心理，这是普通治疗师所需具备的基本素质。在此基础之上就可以更进一步看到参与者背后的第二者，甚至第三者的心理状态。

Chapter 6 精神病背后不为人知的心理学密码

——荣格的精神诊疗术

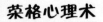

荣格的精神分析更加趋向于个体心灵的结构以及内在的动力，其中包括对个体心理类型、内在心理倾向以及外在心理倾向的详细描述，研究人类带有目的性的心理发展过程等，而这所有的一切便构成了荣格的精神分析学。

在荣格看来，精神病患者背后其实蕴藏着一些不为人知的心理秘密。比如，他们缺少自我反省能力，患有严重的抑郁症，心理得不到平衡以及人格分裂等等。当如此多的问题汇聚在一起后，患者的心理由于承受不住巨大的精神压力，从而陷入精神异常的状态中。为了帮助人们摆脱心理障碍，荣格结合多年的研究总结出了一系列行之有效的精神诊疗术。

1. 心理疾病中的"伤风感冒"究竟要如何诊治

抑郁症其实是一种心理障碍，心理学家习惯将其称为"情绪障碍"。在荣格看来，情绪障碍包括重度抑郁症和轻度抑郁症，它们可以反映出一个人情绪障碍的严重程度。如果非要给抑郁症下个定义，荣格对此的解释是：抑郁症就是一个人心理障碍方面的疾病，又可以被称为"情感性精神障碍"，其最显著的表现就是心境低落，还经常伴有相应的思维以及行为方式的改变。

在现实中，抑郁症是一种极为常见的心理疾病，心理学家马丁·塞利曼曾将抑郁症比作心理疾病中的"伤风感冒"。同时，他还认为抑郁症已经成为人类的主要杀手。因为当一些人患有抑郁症时会表现出情绪低落、唉声叹气、极度恐慌和绝望等，甚至一些人由于承受不住巨大的精神压力，选择了自杀，由此就可以看出抑郁症的可怕。

其实，在很早以前，荣格就将抑郁症当成非常重要的研究课题。他认为，一个人出现抑郁症的临床症状主要表现在以下几个方面：

（1）情绪症状。荣格在研究中发现，情绪症状是一个人出现抑郁症后最普遍也是最显著的一种症状。出现这种症状后，患者的好心情和兴趣就会消失。他们对任何事情都充满了绝望之情，经常会感觉到生活没有意义，悲观失落。如果让患者自己描述这种感受，他们往往会用"孤单、倒霉、无助、悲哀，没有价值，缺少色彩……"等进行表述。对此，荣格认为，虽然患者最基本的情绪是低落和抑郁的，但他们压抑的情绪会随着时间的变化而发生变化，即患者在早晨起床以后这种压抑的感觉更加明显，而到了晚上情绪相对要好一些。

此外，抑郁症患者会对事情丧失兴趣，他们往往感觉不到生活中的乐趣，而且对平日里的爱好也打不起精神。随着抑郁症状的加重，他们甚至会对所有东西都丧失兴趣。试想，这是多么可怕的一件事。

（2）认知症状。在荣格看来，认知症状是抑郁症的表现之一。通常，患者自我评价非常低，经常莫名地贬低自己，而且对自己没有信心；经常会感觉到自己对不起别人，产生深深的自责感。主要表现是夸大自己的缺点，而忽视自身的优点。更多的时候，患者对自己的评价总是消极的。正是这种消极的评价，给他们的心理蒙上了一层灰色。而在生活或工作中，一旦出现不顺的情况，他们就会将责任全部归咎于自己身上，甚至某些重度抑郁症患者会认为他们应该为不公正的事情负责，并愿意接受"惩罚"。

（3）躯体症状。荣格通过研究发现，躯体症状是隐藏得最深的抑郁症的表现，主要表现为精力丧失、懒于工作、懒于家务等。随着症状的发展，患者的一切心理和生理的快感都会迅速消失。比如，即使是平时对美食感兴趣的人，再好的美味佳肴也不能吊起他的胃口；热爱音乐的人，再动听的旋律也不能打动他的心……此外，患者的睡眠质量也令人担忧，入睡困难、经常性的失眠多梦等都在影响着他们的生活。

（4）动机症状。这种症状主要表现在患者对任何事情都缺少动力，言语和行动缓慢、头脑迟钝、语调低沉等都是最明显的表现。严重时不动、不食、不语，这会让人很容易联想到患者有自杀的念头。在荣格看来，正常人大多能够在早晨起床后按时工作或者上学，而且在工作或学习中寻找让自己开心的办法，并努力实现自己的梦想。可对抑郁症患者来说，做到这些是非常困难的事情。他们往往会衣衫不整地坐在沙发上眉头紧锁，寡言少语，甚至终日茶饭不思，即使做出动作，也是迟缓的。

（5）代偿症状。这种症状的表现之一就是患者通过"疯狂"地工作，加班加点，企图用工作转移注意力，借以缓解自身抑郁的痛苦。此外，还有一种表现是患者故意在家人或朋友面前强作欢颜，让家人或朋友认为他的抑郁症已经好转。其实，这只是患者为了减轻家人和朋友的忧虑想出的对策，其动机或许是为了麻痹家人的注意力以便自杀。

其实，关于抑郁症的发病原因很多心理学家都进行过深入的研究。作为精神分析大师的荣格，他的研究相对来说比较权威。在他看来，一个人在生活或工作中难免会遇到大大小小的失败和挫折，这会让人们体验到痛苦、悲观，甚至会对生活丧失信心。其实，由现实事件引起的悲伤、压抑都是人正常的精神反应，甚至是利于个体成长的一种因素。但是，有些人抑郁的症状持续得很久，而且抑郁倾向日益严重，影响了他们的生活或工作，这就需要警惕，他们可能已经患上了被称为"第一心理杀手"的抑郁症。

由此可以看出，抑郁症会对人们的身心健康产生严重的影响。为了摆脱它给人们带来的伤害，还是需要一定的方法进行诊疗的。

首先，要制订行动计划。由于抑郁症大多是因为惰性而产生的，因此行动就是它的"克星"。荣格认为，如果缺少行动，整日无所事事，精神上就会空虚，进而加重抑郁症的症状，为此需要用行动充实自己。比如，患者应该制订出一套行之有效的计划，只有感觉到有事情可做，才不会感到精神空虚，而抑郁症症状也会有所好转。

其次，要以利他主义精神给予别人帮助。荣格认为，树立患者的利他主义精神对于治疗精神抑郁非常见效。比如，患者告诉自己："我要尽量帮助别人，

我是有价值的人，别人得到我的帮助会心情舒畅。"这样，在帮助别人的同时不仅可以赢得别人由衷的赞赏，还能增强自己的交际能力，最终精神抑郁会被良好的人际交往治愈。

再次，要多从事一些体育锻炼。很多医学家认为，体育锻炼可以使人们高度紧张的精神得以放松。比如，通过慢跑、游泳、步行等方式释放患者的精神压力，当其精神放松后便可以以乐观的心态投入到工作或生活中去，而精神压力也会随之消退。

最后，多安排一些可以让心情变好的事情。也就是说，将愉悦人心、积极向上的活动列入日程中。比如，和朋友欣赏内容搞笑的电影，听动听的音乐，接触大自然美丽的风景，参加一些聚餐活动等。通过这些方式可以有效地减轻抑郁程度，从而缓解抑郁症。

2. 为什么说独裁者大多是人格存在缺陷的人

历史上的独裁者能够独裁，往往存在很多种因素。那么，他们的人格特质究竟是怎么样的呢？包括荣格在内的多位心理学家通过对独裁者身边人的研究和调查发现，独裁者的人格大多存在缺陷，其中有严重的暴力倾向、过度自恋、精神分裂、人格分裂以及过度偏执等。

尽管普通大众为何会追随那些人格存在缺陷的独裁者也是值得深入研究的课题，但很多心理学家对独裁者的研究兴趣更大，荣格就是其中一位。

20世纪30年代末，荣格在柏林会见了当时的独裁者——希特勒，并对其进行了观察和研究。在观察中荣格发现，希特勒在别人面前从不发笑，总让人感觉他心情不好或者是在生闷气。对此，他判断希特勒是一个性情冷漠的人，并且残忍，没有人性。希特勒的目标就是要建立第三帝国，他想通过建立一个强大的日耳曼帝国，加强自身的统治地位，并洗刷德国在历史上遭受过的耻辱。荣格还坦言，希特勒令自己感到恐惧。

其实，荣格能够与独裁者会面算是幸运的。因为对大多数人来说，与独裁者会面并展开交流是不可能的，而像荣格这样的心理学家与他们进行面对面的临床心理诊断的机会也少之又少。因此，想要分析独裁者的性格特征，还需要通过独裁者身边的人提供的信息作为诊断的参考。虽然这种方法并不是最理想的，但是在某种程度上确实也为研究独裁者的内心世界提供了必要的信息。荣格的研究报告显示，大多数情况下，独裁者身边的人对独裁者的评价也会是"谨慎赞同"。荣格认为，在传统的心理学研究中，和患者关系亲密的人的表述同样也是揭开患者心理特征不可或缺的方式。

经过对希特勒的进一步研究，荣格发现希特勒在以下几个方面存在着严重的人格缺陷，其中包括：偏执、过度自恋以及严重的施虐倾向。根据他对希特勒的性格做出的研究，希特勒的思考方式异常，并且还有精神分裂的倾向。

而美国其他一些心理学家从荣格对独裁者的心理研究中也得到了启发，并对伊拉克前总统萨达姆的性格做了深入的研究。同样，他们找到了 20 位自称和萨达姆关系密切的伊拉克人。据了解，这些人和萨达姆认识的时间都在 20 年左右。心理学家通过这些人对萨达姆的描述，发现萨达姆和希特勒一样具有反社会、偏执、过度自恋等人格缺陷，其中最为严重的当属施虐倾向，这一点甚至比希特勒还要严重。此外，萨达姆也和希特勒一样存在着精神分

裂症。通过对比两个独裁者的性格特征心理学家惊讶地发现，他们的性格有着较高的相似性。由此可以看出，荣格提出的独裁者具有施虐倾向、过度偏执、过度自恋、精神分裂、人格分裂等性格缺陷是有一定道理的。

虽然独裁者存在以上这些精神障碍，其性格也存在着很高的相似性，但荣格认为，这些相似性并不是产生独裁者的原因。也就是说，具有和独裁者相似的人格缺陷的人，他们不见得会成为独裁者，而仅仅是普通的精神障碍患者。因此，我们要加以区分。

或许有一些人会产生这样的疑问："这些在精神上存在障碍的独裁者是通过什么方法获得并维持如此高的权力的呢？"在荣格看来，虽然独裁者都有严重的精神分裂症状，但他们却有着常人所不能企及的影响力。也就是说，是他们产生出的强大影响力帮助他们实现了独裁的梦想。

从荣格对独裁者的心理研究中可以看出，独裁者存在着非常严重的人格缺陷，并且伴有精神分裂症状，但这丝毫没有给他们的统治地位带来影响，他们能够借用自身强大的影响力巩固自身的权力。然而，随着影响力逐渐减小，他们的权力也会逐渐丧失，最终只会成为精神分裂的"牺牲者"。

3. 你真的懂得"顺其自然"吗

谈及精神分析方法，很多人可能只会想到著名的心理分析大师荣格，认为他的研究方法是最权威的，殊不知还有一种能与之相媲美的方法，那就是森田心理疗法。森田心理疗法又被称为"森田疗法"，是日本慈惠医科大学森田正马教授在 20 世纪 20 年代创立的适用于神经症的一种特殊疗法。它是一种顺其自然的心理治疗方法，并根据患者的症状将其分成了 3 类，即普通神经质症、强迫神经质症、焦虑神经质症。"森田疗法"最精髓的部分当属"顺其自然"，因此，正确理解"顺其自然"这 4 个字是诊疗成功的关键。

在现实生活中，一些心理存在障碍的人对"顺其自然"的理解存在一定的误区，因而森田治疗方法对他们的治疗效果非常有限。于是，很多人便对森田正马教授的这种诊疗方法提出了质疑。究其原因，就在于这些人仅仅从字面上理解"顺其自然"的含义，认为"顺其自然"等同于"任其自然"，是对自身的问题不加以控制和改正。如一些存在有强迫观念的人，他们或许会错误地认为"顺其自然"是让自己一直强迫下去，并不是对自己的强迫症加以控制，如此一来，事态的发展必然会对他们不利。

森田正马教授认为，要正确地理解"顺其自然"的真实含义，首先要让人们知道什么是"自然"，也就是要弄明白什么是"自然规律"。比如，天气的阴晴、刮风下雨、白天和黑夜的轮回等，这些都是大自然的规律。这些存在于大自然中的规律是人类不能控制的，人们必须遵循并接受这些事实才不会产生烦恼。假如有人总是抱怨为什么总是刮风下雨，为什么会有黑夜，那么就违背了大自然的规律，只能给自己增添更多的烦恼。其实，人类本身也存在一定的规律，比如人的情绪变化。情绪是人们很难有效控制的，因为它本身有一套从发生到消散的规则和程序。如果快速地接受它，并遵循这个规律，它就会走完自己的程序而远离你；反之，它将会一直"纠缠"你，给你带来精神上的压力。比如，一个人要参加一场重要的考试，考试前表现出紧张与焦虑都是人正常的心理反应，如果这个人不能正确地面对自己的情绪，就会违背情绪本身的"自然规律"，如此一来，紧张和焦虑就会越来越严重，最终影响到考试；而如果他能平淡地看待考试，那么紧张和焦虑或许会很快消失并且还可能转化为促使一个人努力的动力。

很多时候，人们还会出现一些可怕、无聊、肮脏、古怪的杂念，这些杂念和自身的情绪一样，也有自己的一个从发生到消退的过程。如果能接受它的存在，并认识到它是没有任何价值的杂念，那么人们就不会受其影响，它很快就会消退；反之，如果人们对其产生很大的兴趣，并试图去控制它，就会被拖累，甚至被束缚。比如，一个学习成绩优异的大学生在上物理课的时候突然萌生一个惩罚老师的杂念，而这个杂念让他感到非常害怕，他认为自己不应该存有这种想法，在接下来的时间里，他会不停地责怪自己为什么会产生如此可怕的想法，进而对这个杂念形成了心理强迫。其实，从心理学的角度分析，这个大学生头脑里之所以会产生这个念头，原因就在于他对老师在学习中的严格管理感到不适，从而给他的心理带来了很大的压力。而产生要惩罚老师的念头其实是这个学生潜意识里对心理压力的一种释放。在这里，让大学生自己弄清楚自身潜意识的过程显然是困难的，也是不现实的，但倘若大学生一开始就意识到杂念是必然会出现的，那么他还可能会如此纠结于惩罚老师的杂念吗？还会形成强迫观念吗？显然不会。

"顺其自然"，就是在理解"自然"的条件下不刻意地注意那些有"自然规律"的杂念或者情绪。打个形象的比喻，当把没有波澜的湖水比作自己的思想，而把向湖中扔石头引起的道道涟漪比作影响人们的情绪或杂念时，究竟人们如何才能有效地阻止湖面上涟漪的产生呢？是继续扔石块，还是不用管它呢？显而易见，就是不去管它。这其中的道理就和"顺其自然"类似。

此外，在"顺其自然"的同时还应该将自身的注意力转移到客观存在的事情上，做应该做的事情，即该学习时学习，该工作时工作，该休息时休息。当然，对一些人来说，那些困扰人们的观念或杂念或许会让这个人感到痛苦，但只要相信杂念迟早会消失，并认真做好客观存在的事情，那么心中的杂念和情绪就会在不知不觉中消失，而这就是心理分析大师森田带给人们最实用的启发。

4. 心态失衡是变态心理的不完全诱因

人们的心理就像春天的原野，应该是阳光明媚的。然而，在现实生活中，有些人的心理却是"阴云密布"，这些人或表现得抑郁、孤单，或表现得喜怒无常，或猜疑无度，或充满恐惧，等等。心理学家习惯将这些状况称为"心理失衡"，或叫作心理阴影。研究发现，心理失衡对人们的影响是致命的。

荣格在很早以前就着手心理失衡方面的研究，在研究中他发现，心理失衡会有以下几种表现：

第一种表现是灰色心理。荣格认为，由于身体的变化或者心理的变化，使得现实生活中的一些人出现闷闷不乐、焦虑烦躁等不良的心理状态，而出现这些不良状态的人以中年人居多。其原因是，随着年纪的增大，中年人的身体机能开始发生变化，已由旺盛期进入缓慢的衰退期，并在生活和工作等方面的压力的带动下心理开始出现偏差，从而使精神发生很大变化。

第二种表现是情绪饥饿。荣格认为，人们的生活状况与情绪饥饿有着非常紧密的关联。比如，贫穷者由于整日为生计操劳，思想有所寄托，不易缺

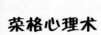

少情绪体验。而那些生活富足、无所追求的人大多是情绪饥饿的"受害者"，因为他们在精神上缺少寄托，缺少亲情安慰，经常处于一种情绪波动的不良状态中，时间一长，他们的精神就会出现问题。

第三种表现是信息膨胀。随着社会科技和经济的不断发展，人们已经迎来"信息爆炸"的时代，信息量的急速增加让一些人的精神负担加重，而心理问题便随之产生。这样的人在接收外界信息时由于信息超过了他们的心理承受能力，就造成其大脑中枢神经功能的紊乱，由此演变成信息膨胀综合征。

实际上，造成人们心理失衡的因素有很多，比如社会变迁过快、行为方式的改变、思想观念的更新等，这些都或多或少地会让人们走进失落的世界。可以说，心理失衡是一种不健康的精神状态，因此有必要摆脱并让自身的精神重获健康。为此，荣格曾经说过："遇事能够处之泰然，并且用平和的心态看待身体上出现的变化，并随之做好调整的准备，积极主动地避开因为身体机能变化而对自身心理带来的伤害。有节奏地工作或生活可以有效地避免精神上出现的种种不适，从而从根本上改善不良的情绪以及被压抑的精神，这样才会拥有健康的心理和矍铄的精神。"

为了让心理失衡的人尽快摆脱这种精神上的"煎熬"，荣格结合自己多年的研究总结出心理失衡调节方法，相信能给人们带来不错的疗效。而在众多调节方法中，"转移法"经常被提及。当然，一些心理学家又将其称为"移情法"，指的是心理失衡的人为了减轻自身不良的情绪而采用的一种转移行为，最终目的就是要通过转移注意力达到心理平衡。很多时候，人的情绪受认知的调节，自身产生的悲伤、愤怒等负面情绪可以在大脑中产生兴奋中心，人们的心理活动可以通过外界的力量使兴奋中心得以转移。而负面的兴奋在大脑形成之后，人们可以将注意力转移到他所愿意做的正向的事情上去，进而从烦恼等负面情绪中快速地解脱出来。而根据心理学家的研究，最常见的移情法有以下几种类型：

（1）消遣转移法。这种方法强调的是通过散步或聊天进行负面情绪的转移。散步是一种悠然自得并让人心平气和的活动，也是一种动中有静、静中有动的转移方法。在现实生活中，当人们面临负面情绪的困扰时，首先想到的应该是离开现场，出去散步。因为散步的过程其实也是释放心理压力的过程，更是重新认识自我，进行理性思考的过程。在散步时，由于人们呼吸到新鲜的空气，紧张的大脑皮层就会得到放松，因此自身不良的负面情绪便得以宣泄，而这种自我放松、自我调整的效果正是消遣转移法所要达到的目的。

此外，用聊天进行不良情绪的转移也是消遣转移法中不可或缺的方法。但需要注意的是，在选择聊天对象时，要选择那些知晓自身秉性的人。因为这样的人对你的述说不会幸灾乐祸，更不会火上浇油，而是能站在你的角度帮你分析出问题的症结所在，让你从中认识到自身存在的问题。通过和他们聊天，在拉近彼此的心理距离的同时还可有效地解除心理的困惑、摆脱内心的痛苦，等等。

（2）繁忙转移法。繁忙转移法指的是在患者心态和情绪状态不佳时，有意给他们安排一些事情，当患者将注意力集中到该事务上时就会忘记烦恼，或为了顾及手头的事情而无暇考虑不愉快的事情。需要注意的是，在为患者安排事情时最好给其分派一些危险系数低、工作量偏大的事情，这样可以有效地避免由于患者自身的注意力难以集中而带来不应产生的损失。

（3）娱乐转移法。这种方法指的是心理失衡的人通过自身喜欢的娱乐活动，如跳舞、跳水、攀登、下棋、绘画等方式转移注意力，以此摆脱烦恼。如果选择下棋，心神就要集中，将精力完全放在与对方的博弈中；在绘画时，要静神运气，心无杂念；在放风筝时，要将目光集中在线上，忘却烦恼。通过以上这些方式都能起到转移负面情绪的效果。

（4）开阔转移法。这种方法指的是运用可以让患者开阔心胸的方法转移注意力，起到调节负面心态的目的。其实，欧洲一些国家的精神病院早就为患者开设了一些装有日、月、星、辰的天花板，这种人工模拟的卧室可以使患者变得心胸开阔，为他们带来一定的治疗效果。此外，外出旅游也是一个让人开阔心胸的好办法，旅行最大的好处就是让一个人的思路如流水般被打开，还能塑造人格魅力。那些经常旅游的人大多是善于理解别人、心态趋于平衡、懂得战胜困难的人。由此可见，开阔转移法对心理失衡的人来说是一种不容错过的好方法。

5. 揭开多重人格者变态心理的"神秘面纱"

作为荣格的学生，海因里希贝尔格从荣格的精神分析学中学到了一些揭开多重人格者变态心理的方法，而一位名叫玛丽特娜的年轻女子就曾因为"肢体运动失调"以及"意志力降低"接受过他的诊疗。

当海因里希·贝尔格见到这名年轻女子后，经过仔细观察，他认为女子看上去像患了歇斯底里症，于是他决定用催眠术帮助女子找到病因。玛丽特娜是一个非常理想的催眠对象，不一会儿便进入到催眠状态中，但随着时间的推移以及催眠程度的加深却发生了让海因里希·贝尔格备感意外的事情：年轻女子好像变成另外一个人似的，她的口中冒出另外一个女孩的声音，而且用轻蔑自大的口气将海因里希·贝尔格称为"她"。海因里希·贝尔格不禁说道："事实上，你就是'她'。"

"你说得不对，我才不是她呢！"女子的语气非常坚定。此时的海因里希·贝尔格意识到他看到了年轻女子的另外一种人格特质。这个人自称是米莎，从她的言语中感觉她是个性格开朗、情绪高昂，喜欢和别人开玩笑的人，而这一点与传统、温柔的玛丽特娜一点儿也不像。此外，米莎还用不屑的语气说玛丽特娜是个性格懦弱、优柔寡断的女人，她对玛丽特娜的一切似乎都了解，但玛丽特娜却根本不知道米莎这个人的存在。

起初，米莎只是不停地说着话，而由于处于深度催眠的状态中，她无法睁开眼睛，但随后她可以睁开眼睛。也就是说，此前闭着眼的玛丽特娜睁开了眼睛，她在获得行动的自由后，"开放女"的作风便显现出来。比如，在海因里希·贝尔格面前索要香烟、打着响指并且跷起二郎腿。但在她被解除催眠后，玛丽特娜从此前恍惚的精神状态中清醒过来，当她看到指间夹着的香烟、翘起的二郎腿等众多"不优雅的动作"时感到非常诧异。海因里希·贝尔格从对她的催眠中大体了解到了玛丽特娜是一个有双重人格的人。为了进一步对其进行精神分析，半个月后，海因里希·贝尔格打电话到玛丽特娜的住处，结果又发生了另一件让他感到诧异的事情：接电话的人变成了另一个女人。海因里希·贝尔格从语气上判断，接电话的人似乎是一个成熟且有家庭责任感的女性。而接电话的女人甚至误以为海因里希·贝尔格是一个陌生的男人，还警告他最好不要骚扰自己，否则将报警。海因里希·贝尔格意识到，这个成熟且

荣格心理术

有责任感的女人可能是玛丽特娜的第三种人格。为了便于研究，他将有责任感的女人称为"一号人格"，将玛丽特娜本身称为"二号人格"，将催眠状态下的米莎称为"三号人格"。随着精神诊疗的继续，事情也开始趋于明朗化。海因里希·贝尔格发现，接受精神诊疗的玛丽特娜拥有3种人格，在日常生活中，大胆、开放的米莎会不时地"出来"取代性格温和的玛丽特娜，而责任感强的"一号人格"则经常扮演收拾残局者。米莎和"一号人格"彼此厌恶，对于米莎不经意间开的玩笑，玛丽特娜往往只是将它当成悲惨的命运被动地接受，而"一号人格"对这些玩笑则表现出深恶痛绝的态度。

譬如，有一次玛丽特娜搭乘城际列车想到伯尔尼找一份体面的工作，但在火车上米莎却不知不觉间冒出来，她在中途下车，到一家酒吧去当女侍，玛丽特娜觉得这份工作无趣且让人疲惫，但却无计可施。最后，"一号人格"出现了，她走出酒吧，卖掉玛丽特娜的腕表，买车票准备回去。但在途中米莎又冒出来，她故意为难"一号人格"，拒绝回到玛丽特娜破旧的房子里，反而到别处租了一间新房子。最后，玛丽特娜"醒来"，却发现自己睡在一张奇怪的床铺上，她甚至不知道自己身在何处，也不知道从何而来。玛丽特娜深刻地体会到自己的生活就像由无数难解的片段组合而成一样。

其实，"一号人格"提到的陌生男人后来被证实是导致玛丽特娜出现精神障碍的核心人物。原来，玛丽特娜的父亲是个没有责任心的赌徒，她的童年是在悲惨的环境中度过的。而陌生男人是玛丽特娜的一位远房亲戚，从小就对她非常好，单纯的玛丽特娜将她的情感都投注在这位疼爱她的远房亲戚身上。在后来的回忆中，她仍认为陌生男子是一个正直、有责任心的男人，拥有她父亲应该具备的一切优点。在玛丽特娜10岁时，她的母亲因病去世，此时

234

的玛丽特娜孤苦无依，整日以泪洗面，而就在这个时候，她开始出现梦游的症状。

　　17 岁时，为了逃避赌博上瘾的父亲，玛丽特娜离开家到一家私人医院找到一份护士的工作。此时，她仍和陌生男子保持着联络，而且经常去找他。有一天晚上，喝了酒的陌生男子到护士宿舍来找她，忽然露出狰狞的嘴脸，企图强行非礼她。玛丽特娜似乎想在记忆中将这一不愉快的经历擦掉，而将此创伤经历透露给海因里希·贝尔格的是米莎，她说："经历过如此不堪回首的事情后，玛丽特娜就变得怪异了，整天眉头紧锁。"而"一号人格"也记得那天晚上所发生的事，但却对那晚以后的事毫无记忆。

　　其实，在很早以前弗洛伊德提出的"潜抑说"就对多重人格提出了令世人信服的科学解释。潜抑是个体心理防御机制的一种表现，指的是一个人把意识中对立的或不能接受的欲望、冲动、想法、情感或不堪回首的经历不知不觉地压制到潜意识中去，使个体不能察觉或回忆起让他们不愿谈及的经历，以避免精神上遭受不良情绪的影响。例如案例中的玛丽特娜，她潜抑陌生男子对她的非礼，而由米莎来"保有"对这件事的记忆，这正是让自己不产生精神压力的一种心理自卫机制。但为什么会一个人格接着另一个人格浮现，像相互串联在一起的呢？

　　从以上这些分析中海因里希·贝尔格得出了结论，玛丽特娜和"一号人格"才是病人的"真实自我"。于是他利用催眠暗示的方法，尝试将这两种人格融合在一起，至于那个大胆、开放的米莎，海因里希·贝尔格则决定将她"赶出门外"，或者说将她潜抑到玛丽特娜潜意识的最底层。在随后的半年时间里，海因里希·贝尔格发表了他的治疗报告，报告中的玛丽特娜似乎又变成了一个正常、健康的女性。但海因里希·贝尔格强调，米莎并未真正消失，她仍然会偶尔冒出来，跟玛丽特娜开一些刁蛮的玩笑。

以上就是一个关于多重人格的案例。在海因里希·贝尔格看来，多重人格可以将一个人的精神或思想分解为两组、三组，甚至更多组。通过对多重人格患者的漫长的研究，可以挖掘出患者越来越多的人格。比如，荣获第29届奥斯卡最佳女演员金像奖的女演员在南奈利·约翰逊导演的电影《三面夏娃》中扮演了一个陷入极度困惑中的美国南方家庭主妇——伊夫，承受着头痛、情绪压抑、健忘等病症的困扰，于是寻求了精神病医生的帮助，一开始医生只是给她常规的建议，但随着病情的恶化，医生卢瑟使用了催眠疗法，却发现伊夫患多重人格，除了她白天的样子以外，她还有独立世故和淫荡妇人的隐藏人性。随着治疗的进一步深入，医生发现伊夫出现了各种不同的人格，医生经过18年的精神分析后，发现她竟有高达21种人格特质。

目前，人们对多重人格者的不同人格是如何形成的已有了比较清楚的研究。海因里希·贝尔格认为，患者大都是从小就开始创造、发展其不同人格的，而且几乎无一例外，其产生不同人格最主要的原因就是在童年时期曾遭受过虐待或心灵上遭受了创伤。比如，案例中的玛丽特娜童年成长的环境是糟糕的，使他缺少安全感；电影《三面夏娃》里面的主人公在童年时也有过不堪回首的经历。而拥有这种经历的孩子后来就变成多重人格者，他们或许是想进入自我催眠的状态中，幻想着变成另外一个人，以此摆脱不愉快的经历和心理创伤。

从日常的研究中海因里希·贝尔格发现，具有多重人格的人大多非常容易进入到催眠状态中。一位曾经接受过海因里希·贝尔格治疗的多重人格者说："在我知道什么是催眠后，我才清楚地知道年轻时的自己为何非常容易进入到那种精神恍惚的状态中。"

　　而在人的生理层面上，研究人员也实现了重大突破。比如在 20 世纪 80 年代，美国心理研究中心就曾经对 10 个有多重人格的人进行了研究。研究发现，他们之中的每个人至少具有 3 种不同的人格，研究测定他们在不同人格状态下脑电波的反应情况，用电脑分析脑波仪度量患者在某些特定刺激下做出反应时的脑波活动。测试结果表明，同一个病人在不同的人格状态下，对于特定刺激做出反应的脑波活动是不一样的。因此，美国心理研究中心的心理分析师认为，一个人出现多重人格并不是刻意伪装出来的，而是人格的真正转移。当他们从一种人格变成另外一种人格时，脑部活动就会发生明显的变化，而且在不同的人格状态中，他们的脑部知觉和处理讯息的方法也存在很大的差异。

　　此外，海因里希·贝尔格还证实了多重人格者在不同的人格特质下具有不同的声音形态。在他看来，对大多数人而言，声音形态是相对固定的。即使是演技再好的演员，在改变腔调前也很难改变自身的声音形态。而且，具有多重人格的人在言谈举止等方面改变的程度也是演员所不能真正效仿的。

　　多年的精神分析让海因里希·贝尔格意识到，一些情绪化并且心境多变的人的人格以及心灵或多或少都存在一定程度的多重性。而他们在不同的情境中会表现出不同的行为特征。比如，一个公司的领导在工作期间经常摆着严厉的面孔训斥下属，也许在周末游玩时就变成一个有绅士风度的人，或者在家庭中变成一个温和的好丈夫。再比如，一个看似柔弱的母亲在自己的孩子遭遇危险时却能奋不顾身地创造奇迹。当在不同情境中经历了这些角色变化后，事后当事人也许无法相信当时会那样做。

　　其实，在精神分析学中，多重人格被众多心理分析专家视为病态，因为多重人格患者的多重自我大多彼此"不相识"，而诊治的目标就是用催眠的方式让患者的各种不同人格"相互认识"，并帮助他们的实际人格，也可以说是核心人格，将这些多重自身紧密地整合在一起，而且让患者意识到没有必要借"分裂"他们内在的自我来面对外界产生的危机。而在以上案例中接受海因里希·贝尔格治疗的年轻女子表示："在接受了海因里希·贝尔格的治疗后，我认为自己的多重人格都是可以控制的，并且可以自由地选择成为自己想要做的人，我比别人更加了解真实的自己。"

为此，海因里希·贝尔格喜欢用"认识你的多重自我"这句话来诠释他对精神分析学的研究。此外，他还从那些具有创造才华的人身上发现，这些人都有过对自身想象中的另外一个自己感到困惑的经历，也许多重人格或多重自我并不像一些人想象中的那样罕见，或许在每一个人的内心深处都存在着另外一个自我，只不过是程度不同罢了。

6. 分裂型人格障碍用什么"魔法"治愈

分裂型人格是现代医学心理咨询门诊中非常常见的人格障碍。据荣格多年的心理研究显示，分裂型人格障碍患者与正常人的比例为1：6，且男性多于女性。在荣格看来，患有分裂型人格的人在观念、外貌特征以及人际交往等方面有明显的缺陷，因而在情感方面表现出异常的冷漠。患有分裂型人格障碍的人一般会异常严肃、谨慎保守，不喜欢人际交往，不合群等。他们在生活中既没有朋友，也很少去参加社会活动。虽然他们为此而苦恼，却不能意识到自身存在的问题。

荣格在分裂型人格的诊断标准中对它的特征是这样表述的：

个体存在奇异的想法或信念，或者产生与文化背景不对等的行为方式。比如，相信透视力，对特异功能和第六感等痴迷。

个体表现出奇怪、反复无常或者有特殊行为的外貌。例如，穿奇特的服装，做出的行为不合时宜，行为方式不明确等。

个体言语怪异，与人沟通时经常用词不当、繁简失当，缺少正确的表达等，而这些并非由于个体自身文化程度或者智力障碍等因素引起的。

个体经常有不同寻常的知觉体验。比如，产生幻觉，看到不存在的人或物。

个体对人极度冷漠，甚至对家人也同样如此，不懂得关心别人，更缺少对其他人的温柔体贴。

个体表情淡漠，很少会有深刻或生动的情感体验。

个体喜欢单独活动，而主动与人交往仅仅限于工作或生活中必要的接触。很多时候，除了自己的亲人以外，他们很少有亲密的好友。

荣格认为，如果一个人符合以上特征中的 4 点，那么便可初步诊断为分裂型人格障碍。从荣格的诊断标准中可以看出，分裂型人格障碍在工作或生活中表现出缺少亲情和温情，很难与别人进行情感方面的交流和互动，因此他们的人际关系非常糟糕。很多时候，他们很难真正享受到人间的种种乐趣，比如夫妻间的亲密关系、亲朋好友之间的情感互动等，并且缺少表达情感的能力，因此大多数分裂型人格患者都是独身。即使结了婚，婚姻关系也不能长久地维持下去。一般说来，这样的人对别人发表的意见持漠不关心的态度，无论是批评还是赞美，他们都会无动于衷，过着一种孤独寂寞的生活。其中有

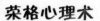

一些人虽然有着自己的个人爱好，但大多是欣赏音乐、读书看报等安静、被动的活动，另外一些人沉醉于某一种专业，也取得了一定的成就。当然，总体来看，这样的人大多还是缺少创造性和独立性的，对多变的社会很难尽快适应。

此外，分裂型人格患者在性欲方面也比较淡漠，用"不近女色"来形容他们一点儿也不为过。虽然他们的内心世界颇为丰富，喜欢思考，但却经常缺乏相对应的情感内容，缺少积极的进取心。很多时候，他们总是用冷漠无情来应对多变的环境，并且逃避现实。研究认为，分裂型人格患者可以适应大多数人不容易接受的工作，比如单调的图书馆书库工作、山地林场等方面的工作，而很难适应人员多、需要交际的工作。

其实，在现实生活中，人们或许会将分裂型人格与精神分裂症联系在一起。一般说来，分裂型人格容易诱发精神分裂症，但对于这个结论专家却一直没有找出足以让人信服的论据。在日常的精神分析中，一些心理专家认为大多数精神分裂症患者发病前存有分裂型人格的特征，而另外一些人在对分裂型人格患者经过15年以上的观察后发现，很少有人变成精神分裂症患者，分裂型人格患者的血清中也并无较一般正常族群更多的精神分裂症病患的特征。因此，分裂型人格和精神分裂症与遗传的关系尚待证实。

荣格在研究中发现，分裂型人格障碍的形成大多与个体的早期心理发展有着密不可分的关系。在荣格看来，当一个人出生以后，在相当长的一段时间内不能独立，需要靠父母来照顾，在此过程中，幼儿和父母之间的关系就占据非常重要的地位，幼儿就是在与父母的关系中建立并形成了早期的人格特质。在幼儿成长的过程中，尽管每个幼儿都不可避免地会受到父母的批评和指责，但只要他们感觉到周围还有人爱他们，在心理上就不会产生偏差。

但如果幼儿长时间地遭受父母的责骂，而得不到父母的关爱，他们的心理就会产生偏差，认为自己在父母眼中毫无价值。更进一步地讲，如果父母对幼儿不公正，就会让他们的是非观念不稳定，从而令其在心理上产生焦虑以及敌对情绪，甚至会逃避与父母情感和身体等方面的接触，进而逃避与外界其他人的接触。如此一来，他们就非常容易形成分裂型人格。

事实上，心理学家一直都没有停止对分裂型人格障碍的研究和治疗。作为精神分析学大师，荣格认为，治疗分裂型人格障碍的最终目的就是要帮助个体纠正孤独离群性、情感的淡漠以及对外界环境的分离性等。为此，荣格总结出以下几种方法：

第一种方法：社交训练法。这种方法强调的是纠正患者的不合群性，以及对社交的恐惧。在荣格看来，这种方法需要按照以下步骤进行：

（1）提高自身的认知能力，要意识到孤独不合群、不愿社交对自身带来的不利影响。当个体意识到不利影响后，会主动地投入到心理训练中。同时，个体还要清楚训练的方法、步骤以及注意事项，并积极配合实施。

（2）建立一套完整的社交训练评分记录表。荣格认为，通过评分的方式不仅能让患者对治疗效果有明显的数字概念，还能增强他们治疗的信心。在制定评分表时，治疗师每天都要做出评价，每周都要做总结，8~12周为一个疗程。自我评分的标准为：

10分以内 治疗没有效果。

10~20分 稍有效果，个体愿意和别人进行沟通和交往，但接触、交谈仍然显得有些刻板，需要加强训练。

20~40分 治疗显现出明显的效果，个体可以主动地和别人沟通交流，不合群倾向的改变程度高达 50% 以上，需要进一步强化治疗效果。

50 分 孤独以及不合群现象基本消失，成为一个普通人。

（3）评分计算以及奖励措施。治疗师要对被治疗的人实施表扬和奖励，对他们每天取得的成绩加以肯定，并给予强化，以此来增强患者的信心。奖励的方式非常必要，可以采用奖励现金、物品等方式进行。同时，荣格提醒道，不要因为患者没有进步或者进步甚微便批评患者，这样不仅会打击患者的治疗决心，还会让治疗计划搁浅。

（4）严格执行训练内容。对患者进行心理治疗要遵循从简到繁、从易到难的过程。这样不仅可以让患者轻松地完成训练计划，还能增加他们的自信心，从而使整个训练计划得以有序地执行下去。但需要注意的是，患者要严格地执行训练内容，因为训练内容是经过科学分析的结果，如果没有按照训练内容去执行，那么就很可能达不到训练和治疗的目的。

第二种方法：兴趣培养法。在荣格看来，兴趣是一个人积极探知某种事物而给予优先注意的认知倾向。在兴趣的指引下，患者可以建立与别人的情感交流。具体做法为：

（1）提高认知能力。这就需要个体能够有意识地分析自己，确立自身积极的人生理想和所要实现的目标。荣格强调，人生是一段充满乐趣的、愉悦的旅途，而每一个人在这段旅途中都应该情趣盎然地欣赏沿途的美丽风景，并寻找无穷无尽的快乐，这样才能让生活充满希望，并摆脱精神上的压力。

（2）多参加社会实践。分裂型人格患者需要创造条件，有意识地通过接触社会、扩大自身的交际圈等让自身摆脱精神上的压力，在社会实践中实现自身兴趣的多样化。

荣格相信，以上这些方法对于分裂型人格的诊疗能够起到积极的作用。而那些存在不同程度分裂型人格障碍的人或许能从中得到启发，进而得以治愈。

7. 无情型人格障碍背后的心理学原理

在众多人格障碍中，有一种被称为"反社会型人格障碍"，这是一种精神病态。而这种精神病态又被称为"无情型人格障碍"，指的是人在儿童时期或者青少年时期发展起来的严重的人格缺陷，或者人格在总体上出现的一系列不适应的精神异常。可以说，反社会型人格障碍是包括荣格在内的多位心理学家一直研究的课题。

早在1835年，德国籍心理学家皮沙尔特就提出了在当时被称为"悖德狂"的诊断名称。这表现为患者在本能欲望、性情嗜好以及道德修养等方面出现了明显异常的变化，但自身的推理能力以及智能方面却没有障碍。随着时间的推移，"悖德狂"逐渐被"反社会型人格"所替代。荣格曾说过："患有反社会型人格障碍的人自身的思维和智力没有异常，只是情感和意志方面存在障碍，但这种精神缺陷却是持久和顽固的，甚至一些人终身都很难改变。"在荣格看来，存在这种人格障碍的人有着共同的心理特征，即情绪的爆发性，行为的冲动性，对社会缺少责任感，对别人充满仇视心理并缺少最起码的同情心等，经常会做出与社会道德相悖的事情，甚至不会为自身反社会的言行而感到焦虑。

从荣格的研究成果来看，反社会型人格的形成原因主要有：个体早年丧失父母或者双亲离异，体质先天出现异常，社会环境恶劣，家庭环境影响以

及个体中枢神经系统发育不良等。在大多数情况下，个体在童年时期遭受的心理创伤（如家庭的破裂，亲人对孩子的冷淡，缺少父母在生活上的悉心照料等），是反社会型人格形成的最主要原因。其实，儿童与母亲在情感上缺少互动或者受到冷落包括不同的含意：第一层含意，父母在情感上对儿童疏远，这样就会使儿童很难发展人际之间的热情和亲密的关系。第二层含意，父母的行为举止对儿童的要求缺乏一致性。比如，父母在孩子面前表现得朝三暮四或者赏罚无定规，让儿童感到无所适从。由于儿童缺少从父母身上效仿的榜样，他们在发展中就很难具有明确的自我统一性。研究表明，反社会型人格障碍患者在坏人以及同伴的引诱面前往往会丧失抵抗能力，对过错缺乏内在愧疚心等现象都是由于他人赏罚的不一致性、本人善恶价值的判断自相矛盾所造成的；而他们的冲动和无法自制某些意愿及欲望则都是由于家庭成员对自己的行为无原则、不道德、缺乏一致性等恶劣的榜样造成的。由此可以看出，反社会型人格患者的情绪不稳定、对社会不负责任、习惯性的撒谎欺骗，但又无动于衷的行为，都与家庭成长环境或者社会环境有着非常紧密的关系。

此外，从众多精神病专家的研究来看，反社会型人格障碍的临床症状特点主要有：

（1）早年就开始出现人格偏异的情况，而且在青春期愈发明显。另外，性格的某些方面呈现出畸形发展的情况，不符合社会规范。

（2）由于人格偏异的情况非常顽固，且一直伴随着个体的发展，甚至会延续到个体的成年期，个别人到了老年才可能趋于缓和。而普通的药物治疗以及一般性的治疗效果非常不明显，因而矫正起来比较困难。

（3）个体的社会关系和人际关系不佳，容易做出非常严重且频繁的反社会行为，并且大多以损人不利己的结局告终。

（4）很多时候，个体对自己存在的反社会人格缺陷缺少正确的认识，不能从失败的经历中有效地吸取经验教训。虽然有时可以察觉到是自己的人格问题带来的影响，但却始终不能用正确的态度对此进行纠正，反而纵容其向着更加不利的方向发展下去。

（5）个体的智能和认知能力都没有障碍，主要体现在意志、行为方式、情感等人格的严重偏离，并表现为持久的人格不协调。

（6）经常追求新奇的想法以及心理刺激是反社会型人格障碍患者的一种内在驱动力，同时也是导致其变态心理产生的直接动因。

精神学家将反社会型人格概括为"七无特征"，即无社会责任感，无社会道德观念，无罪恶感，无恐惧心理，自身无自控能力，无真实的感情流露，无悔过之心。

由于反社会型人格障碍的病因多种多样且相当复杂，目前对其进行的诊疗还不算特别完美。荣格认为，如果使用常规的镇静剂和抗精神类药物进行治疗的话，治疗效果不是太明显，甚至会出现治标不治本的情况；而对于那些由于中枢神经系统功能障碍而成为反社会型人格的患者采用心理治疗收效又非常小。比如，将反社会型人格刻画得入木三分的是好莱坞著名影片《绿里奇迹》。在这部惊悚的影片中，汤姆·汉克斯饰演一所死牢的监狱长保罗，他的下属警察佩西和一个制造多起连环杀人案的凶手威廉都具有典型的反社会人格特质。

剧情是这样的：警察佩西的亲戚是一位高官，由于佩西有一定程度的反社会人格障碍，他最大的梦想就是想亲自操作一次对死刑犯执行死刑的电椅，于是他主动向高官请缨来到死牢中。很明显，他是一个典型的将自己的快乐建立在别人的痛苦之上的人，而这种快乐就是眼睁睁地看着死刑犯在电椅上接受死刑。当获得这样的机会后，佩西竟然让基本不会产生痛苦的死刑变得非常痛苦，可以说这一切与他自身的人格障碍密不可分。而影片中的另外一位具有反社会人格的主角是一名流浪汉，他勇武、狡猾，缺少自制力且不会产生恐惧感，当他在死牢中嗅到其他犯人的痛苦时不仅不害怕，而且还表现得欣喜若狂，甚至会陷入一种近乎癫狂的状态中。而他在用残忍的手段杀害别人时，也同样会陷入这种令人胆战的癫狂状态中。试想，对待这样特征的反社会型人格障碍患者，用心理治疗的方式就显得力不从心了。

心理学家在实践中发现，对于那些受外部环境影响、反社会程度较轻的人来说，对其使用认知领悟的诊疗方法或许能带来一定的疗效。这样可以帮助患者提高认识，充分了解到自己的所作所为给社会、给别人带来的危害，培养患者的责任感和使命感，让他们对家庭和社会承担一定的责任。同时，还能提高他们的道德意识以及法律意识，让他们明白什么事情可以做，什么事情不能做，加强自身的自控能力。可以说，这是减轻反社会行为最行之有效的方法。

此外，对于那些家庭关系恶劣但人际交往尚可的患者来说，可以通过培养其独立生活的能力以减少家庭成长环境给他们带来的负面影响。同时，在诊疗过程中也可以采用厌恶疗法对其进行治疗，比如给予患者一些强制性惩罚，让其产生痛苦的体验，并实施多次。如此一来，患者的头脑中便会萌生出只要做出反社会的行为就会全身不舒服，并产生厌恶心理的念头。通过这种另类的诊疗手段可以减少他们反社会行为发生的概率。

附录 1 荣格的青少年时代

1875 年 7 月 26 日，在瑞士北部康斯坦斯湖畔一个叫作基斯威勒的小村庄里，小男孩卡尔·古斯塔夫·荣格降生了。这是一个对宗教相当热衷的家族——荣格的 8 个叔叔及外祖母都是当地的神职人员，父亲拥有语言学博士学位，并且是一位虔诚的牧师，信仰几乎占据了他生命的全部，而荣格的母亲则有着让人不可思议的灵异能力。其实，荣格还有两个哥哥，而不幸的是，他们都在荣格出生之前夭折了。

荣格 6 个月大的时候便和父母移居到了莱茵河上游苏黎世州一个叫作劳芬的地方。这是一个被莱茵河、牧师馆、教堂、农场、城堡以及远方的阿尔卑斯山脉环绕的美丽得有些神秘的地方。荣格在这个环境中成长了 4 年，之后又随父母搬到了莱茵河更上游的巴塞尔附近一个叫作小惠宁根的城镇上，并在此处居住到成年。而在后来的日子里，荣格也一直刻意选择有山川湖泊的环境居住。

荣格开始记事大概是在两岁的时候，他依稀记得那些教堂、河流、瀑布，以及那个叫作沃思的小城堡。只不过，这些记忆在荣格的脑海里仿佛是一片孤零零地漂浮着的小岛，既朦胧又遥远，怎么连也连接不起来。直到荣格3岁时才有了一些明显且深刻的印象。比如，父母分居（分开睡）后，母亲对荣格就变得冷淡了，因而他得了一场差点儿要了他小命的湿疹，并在此后相当长的一段时间里，幼小的他带着巨大的精神创伤生活着。又比如，有一次，他的头撞在火炉腿的一个角上，那种灼热钻心的疼痛让他毕生难忘——直到大学时期的最后一年，头上那块疤痕还清晰可见。还有一次是他在去诺伊豪森路过莱茵瀑布桥时差点儿掉了下去，幸亏女仆及时抓住了他。当时，他的一条腿已经滑出了栏杆。就连他自己也不清楚为何会将腿伸向栏杆的外面，母亲对此的解释是，或许他对生在这个世界上有一种极力的抗拒。

在那段时间里，每到夜晚他总有一种莫名的恐惧，时常听到屋子里有什么东西在来回走动。一听到莱茵瀑布沉闷的咆哮声，他便觉得四周都是危险地带。他梦到有人被淹死，尸体从岩石上冲出来，教堂司事不停地挖着墓地，作为牧师的父亲声音洪亮地讲着话，而女人们则都在哭泣。有人说，先前被埋在这里的人突然不见了。然后，他听到有人回答，上帝把他们召唤走了。也正是在那个时期，母亲才对荣格关爱一些，并且每天晚上教他做祈祷。其实，荣格很乐意祈祷，因为他不仅可以看到母亲，而且那种从内心深处发出的声音在深沉而不安的暗夜面前让他有一种无比惬意的感觉："展开您的双翼，慈祥的耶稣，把您的小鸡、您的孩子咽下。'如果魔鬼要吞食他，那只会是白搭。'请让天使就这样唱吧！"母亲告诉荣格，耶稣能给人安慰，他是一个善良、仁慈、庄重而威严的人。

在荣格刚满 6 岁时，父亲就开始给他上拉丁文课。同时，荣格也开始上学读书。事实上，荣格在上学前就已经学会了阅读，因而他在学校里的成绩总是名列前茅。他特别喜欢那一本本带有插图的儿童读物，里面讲到不少国内外的宗教故事，比如印度教、波罗门教，以及毗湿奴和湿婆等，而这使得荣格在阅读中得到了无穷无尽的乐趣。每当荣格看到这些宗教的插图时，总有一种异常朦胧而又无比亲近的感觉，他觉得它们和他那"原始的启示"有某种特殊的亲和性，但他却从未对任何人提起过它们，也准备永远都不道破这个秘密。

　　当然，一方面，这并不幼稚的行为与他强烈的敏感以及极易受伤的心灵有关；另一方面，与他早年的孤独有关（荣格的妹妹在他 9 岁后才出生）——他在家里时只能一个人玩耍，所幸的是，他习惯了孤独，孤独让他比其他人思考得更多。在思考的时候，他不愿意任何人来打扰自己。在他七八岁时，有一段时间他特别爱玩砖头儿，并且专门建造城堡，然后再用"地震"的方法将它们摧毁，做这件事时他总是心醉神迷。此外，他还喜欢画一些战役中轰炸以及包围等场面的战争画，然后在这些画上涂满墨汁，再饶有兴趣地对这些全是墨迹的画做出离奇的解释。其实，在荣格身上发生的离奇的事还真不少。荣格发现，一到夜里，母亲就显得异常古怪和神秘。一天夜里，他看见一个模模糊糊的影子从母亲的房里走出来，那个影子的头渐渐地离开了脖子，在影子前面浮动。突然，那个影子又出现了另一个头，接着又离开了脖子。像这种情形总是在夜里出现。就这样，荣格总是做一些可怕而又离奇的梦——梦中的事物一会儿极大，一会儿极小，一会儿是一个小小的球，最后却变成一个骇人的东西。这些梦一次次地将荣格惊醒。

其实，这些梦是荣格生理发生变化的序幕，它标志着其青春发育已经开始，尽管他常常在这些梦中感到窒息，同时产生了一种身体和灵魂离异的感觉。然而，真正让荣格感觉到自我产生异化的是他那些童年的玩伴。事实上，和童年的玩伴们在一起玩耍时的荣格和在家里的荣格完全是两个人——和童年的玩伴们一起玩时，他会尽情地打闹，玩各种各样的恶作剧，而这些却永远都不会在家里发生。这些在一定程度上引导了他，强迫他和自身离异。这个与玩伴们在一起的世界（不包含他的父母）对他的影响如果不是完全可疑的，或者隐约对立的，至少也是含混不清的。只是，他越来越感觉到这个世界上到处都是令人感到战栗、揪心且无法解答的问题，这使得他的内心的思考受到了威胁，而且仿佛觉得自己为这些思考开始分裂了。

令荣格记忆犹新的是，9岁那年，他和玩伴们在一堵用大石头砌成的旧墙上的一个硕大的石头缝里生了一堆火，并让玩伴们帮忙四处找来木头，不断地往里面添加柴火，为的是不让火熄灭。这堆火越来越旺后，荣格便独自守着它，让玩伴们到别的洞里去生火。他觉得自己面前的这堆火的火光最旺、甚至能看到一圈圣洁的光辉，且与其他人无关。在这堵墙的正前方有一道斜坡，斜坡上埋着一大块突出的石头，它被荣格据为己有。他时常一个人坐在这块石头上胡思乱想："既然我可以说'我现在坐在这块石头上，石头便在我下面'，那么石头也能说'我'，也能想'我躺在这道斜坡上，他正坐在我上面'。"于是，问题就出现了："我究竟是那个坐在石头上的我，还是上面坐着'他'的那块石头呢？"这个问题总使他感到茫然，弄不清楚谁是谁，于是他总是站起来，看着石头思考。但这个问题的答案他一直都没有弄清楚，一种奇特、怪异的黑暗伴随着他的疑惑。然而，有一点是可以肯定的，那就是他觉得这块石头和自己有着某种神秘的联系，因为他可以在上面一坐就是好几个小时，并不断提出一些像谜一样的问题将自己弄得晕头转向。他甚至还在想，究竟石头是我，还是我是石头的孩子呢？

还有一件事情让荣格永远也忘不了，它像一闪即逝的电光照亮了他的童年。当时，荣格有一个涂着黄漆的铅笔盒，外面有一把小锁，里面有一把很普通的尺子。在尺子的一端，他刻了一个大约 5 厘米高的小矮人——穿礼服，戴高帽，脚蹬一双闪亮的黑色靴子。他用墨水把小矮人染成黑色，然后把它从尺子上锯下来，放在铅笔盒里，还在铅笔盒里给它做了一张小床和一件用毛线做的大衣。然后，他又从莱茵河边找了一块光滑、扁平的长方形黑石，给其涂上水彩，并从色彩上分上下两半，最后把它放在铅笔盒里，与小矮人做伴，他甚至感觉到这块石头经过他的塑造能够给小矮人提供生命力。这一切他都做得极为神秘——他悄悄地把铅笔盒藏到房顶那个禁止人上去的阁楼中的那根大房梁上，谁也别想看见它。对此，他感到极大的满足和快慰。每当他因做错了事，或者受到了伤害，或者为母亲怪异的行为感到压抑时，他就会想起那个藏在房梁上的小矮人和他的石头。每次看完它们之后，他都会在盒子里面放一张小纸卷，上面写着只有他自己才明白的语言。渐渐地，他甚至把放小纸卷当作去揭开房梁上那个秘密的某种严肃的仪式。

其实，对于这些连他自己也无法理解的行为，以及它们的意义，或者究竟应该怎样去解释它们，他毫不在意。他只是无比满足于拥有一种安全感，满足于占有那种不为人知而别人都无法获得的东西。这是一种秘密，是一种永远不可能背叛自己的秘密。而心中藏有秘密对荣格的性格和心理的形成的影响是巨大的。比如，小矮人和石头是他力图赋予这一秘密以外在形式上的

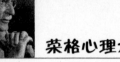

初次尝试，尽管这种尝试是极其幼稚的、潜意识的，但荣格总是喜欢沉溺在自己的秘密中，总觉得应该探寻出秘密的特殊意义，但他却不知道自己真正想要表达的是什么。因此，他总希望能够找到一些什么——或许同样神秘的大自然会为自己提供一些线索，以便弄清秘密是什么，意义在哪里。在这种情况下，他对植物、动物等自然生物的兴趣变得愈加浓厚，并且时常警惕地寻找某些神秘或能够揭开神秘面纱的东西，他的内心也自觉地有了某种基督教的意识。

"小矮人和石头"事件是荣格童年心理的高潮期，它总是在他的记忆中一次次地浮现出来，不减当年的清晰。直到他突然发现自己的内心似乎也有了这样一个小矮人或一块光滑的石头的映像时，虽然他从来没有看见过它的复制品——长方形的、黑色的、用水彩涂成的上下分成两半的石头，而这一形象又掺入了铅笔盒中小矮人的形象。小矮人是古代世界里披着小斗篷的神，如同站在埃斯克勒彼阿斯（医神）碑上的泰莱斯福鲁斯（被罗马皇帝迫害致死的第八代教皇）给它读一个羊皮纸的卷轴。

随着这一记忆的重复回放，荣格的内心第一次产生了这样的信念：古代的心理因素在没有任何直接的传承关系的情况下会进入个人的心灵。对此，荣格还偷偷地去父亲的图书室查阅过图书，但他发现没有一本书有关于这方面的资料，他因此感到很茫然。

随着大学入学考试时间的日益逼近，荣格仍旧没有做出定论。但就在大学考试的几个星期前，荣格连续做了两个让他胆战心惊而又心旷神怡的梦。在第一个梦境中，他梦见自己身处沿着莱茵河生长的一大片阴暗的树林里，他一直走，最后在一个像小山丘似的坟堆前停下，接着便动手挖了起来。一会儿过后，他惊讶地发现，自己竟然挖到了一些史前动物的遗骨。这使他兴奋不已，同时他因此产生了一个强烈的想法：我一定要充分地了解大自然，了解生活在这个世界上的各种各样的东西。在紧接着的第二个梦中，荣格依旧在一片树林中，林子里的溪流纵横交错，在光线最幽暗的那个地方，荣格发现了一个圆形的水塘。水塘四周满是灌木丛，而在水塘里有一种半身被淹没着的非常古怪和奇妙的生物：一只身上闪烁着乳白色光泽的圆鼓鼓的动物（它由无数形状似触手的小细胞所构成，身粗大约不到一米），此时它正威严地躺在清澈的深水中。这在荣格看来实在是妙不可言，同时激起了他内心一种强烈的求知欲，他甚至因此而不愿醒来。然而，这两个梦不仅没有帮助荣格做出决定，反而让荣格在选择自然科学和人文科学上更加难以取舍。

在这种焦急的状况下，荣格突然灵机一动：我为何不去学医呢？令他感到奇怪的是，在此之前，这一点他却连想也没有想过，尽管他时常听父亲提起祖上曾是医生。也许正是由于这一缘故，荣格才对医生这个职业有着某种说不清的抵触心理。但是，随着他上学之后知识的不断增加和积累，他知道，医学性和科学性的科目是结缘的。因此，他最终选定了医学科。虽然这让他如释重负地长长地松了一口气，但他的心情却并不那么愉快，因为他总是觉得这不是人生中最好的选择，所以不会有远大的前程。荣格隐约发现，自己依旧在第一人格和第二人格的排斥和融合之间挣扎。

就这样，这种挣扎被荣格带到了大学生涯中。在进入大学两个多月后，荣格做了一个吓人且又鼓舞了自己的梦。他梦见自己身处某个不知名的地方，并顶着异常强劲的大风在暗夜中痛苦地缓慢前行。暗夜的浓雾呼呼地飞旋，他只好把两只手作成杯状来护住一盏小灯——这盏灯看上去随时都有可能熄

灭。突然之间，他感觉到背后有个东西正在向他靠近，回头望去，只见一个硕大的黑影正在他身后。尽管他被吓坏了，但他还是很快就镇定了下来——他深知慌乱不会令恐惧减轻，只会令恐惧增加。同时，他更加清醒地意识到，最重要的是用心保护手中这盏小灯不被熄灭，以便度过这个暗夜。之后，荣格就从自己的尖叫声中醒来，他意识到梦中那个黑色的人影其实是自己的影子。而自己的影子之所以会变得如此之大，是因为手中那盏小灯的灯光投射在飞旋的浓雾上形成的。在这个梦境的重复回放中，荣格将那盏小灯看作是自己唯一拥有的意识。虽然与黑暗相比这盏灯显得极其渺小而又脆弱，但它却始终没有被熄灭。

事实上，这个梦给了荣格很大的启示。他知道，第一人格就是那个提灯者，而第二人格则像影子一样时刻跟随着他。而他的任务就是保护那盏灯不被熄灭，同时不要回过头去瞧那永恒存在的生命力。那是一个会因不同的光的照耀而产生的一个虚无飘渺却又清晰可见，但实际上却是无边黑暗的世界——它极力想要把人们拉回到无边的黑暗之中，而一个人在那里除了虚无飘渺的影子之外什么也没有。在第一个角色中，人们必须迎着黑暗前进——在前进中学习，承担各种责任，承受各种负累，甚至犯下各种错误，等等这些都是必须经历的。正是对于这个梦的分析使荣格的世界观发生了一次90度的转变。他清楚地意识到，自己的道路无法改变，它需要通向外部的世界，通往更大的世界中去，而不是局限于此。

另外，荣格自问道："这样一个梦到底源自哪里呢？"而在此之前，他还理所当然地以为那些梦是直接由上帝送来的。但在大学吸收了大量的知识后，他对此感到怀疑了。例如，大学老师总是说，人的顿悟是经过了漫长的变化慢慢成熟起来，然后再在某个时间突然以梦的形式破壳而出的。但这种解释只是一种理论上的描述罢了。其实，真正的问题在于人们为什么会发现梦的这种过程以及它为什么会以梦的形式破壳而出呢？他并没有故意地做出任何事情来加速这种形式的产生和发展。因此，在产生这些景象之后，荣格觉得一定有某种东西在起着作用，而且是某种理智性的东西，至少是某种在理智上胜过自己的东西在发挥着作用。对于这个问题，荣格暂时没有进行深入的思考。

但自从经历这个梦境过后，荣格很清楚地意识到，他一定要把第二人格抛之脑后。无论在什么样的情况下，他认为自己都应该否认第二人格或宣布第二人格是无效的。或许，这等于是手足相残，此外还会失去解释这些梦的起源的可能性。因为在荣格看来，第二人格和梦的来源存在着某种必然的关联。尽管如此，荣格却觉得自己日渐坚定地与第一人格站在一边了，但这种状态反过来却被证明只是更富有理解力的第二人格的一部分罢了。由于这一原因，荣格又觉得自己与第一人格不再是站在一边的了。但是不管怎样，荣格强迫自己与第二人格产生分裂，结果，他被自己派给了第一人格，并在相同的程度上与第二人格分隔开了。也正是因为如此，第二人格可以说是获得了一种独立。

在第一人格和第二人格在荣格的心中暂时有了结论后，荣格过了一段较为清静的日子（至少思想上是这样的）。然而，这种清静很快就被一个噩耗打破了。1896年秋末，荣格的父亲因病去世了，这时的荣格刚过完21岁生日。在父亲去世后的第六个星期，荣格觉得父亲就像是一个梦——他会在自己的梦中突然出现，说他只是去度假了，很快就会回来。他的健康似乎已经有所

好转，甚至重新复活了过来，并已经回到了家中。父亲死后，荣格不知是出于何种缘故搬进了父亲生前居住的房间。因此，当他感到父亲回来后站在他面前时，他突然有些愧疚，因为他占用了父亲的房间。这样做可能会令父亲感到讨厌，但父亲脸上那种慈爱的微笑却证明事情完全不像他所想象的那样。两天之后，荣格又梦到了父亲恢复健康回到家中，而且是那样的逼真，致使他好几次都大声喊着"父亲"两个字，惊醒之后，他又意识到父亲的的确确已经死了。之后，荣格不断地自问道："父亲为何会在梦中回到家来？而他的样子又为何那样逼真，似乎比生前给他的印象还要熟悉和温暖呢？"在这种情况下，荣格便迫使自己一次次思考死后的种种生活景象。

随着父亲的去世，荣格继续在大学里读书的困难就一一呈现出来了。母亲那边的一些亲人认为，荣格应该在商行里谋一个小职员的工作以维持自己的生计，进而尽可能地挣钱养家糊口。最后，母亲最年幼的弟弟提议并决定资助荣格，而父亲这边的一位叔父也同意资助荣格，只因为荣格的母亲连她自己也养不活。荣格永远也忘不了这段贫穷的日子，他认为，只有当一个人在极度贫困时才会更加懂得珍惜时间和金钱。记得有那么一次，有人把一盒雪茄当作礼物送给了荣格，他兴奋得整整几夜睡不着觉。这盒雪茄荣格抽了足足一整年，因为他只准许自己每逢星期天时才能抽一根。

在大学一年级期间，荣格发现，科学虽然打开了通向大量知识的大门，但在提供真正的顿悟方面的知识却少得可怜。而这种顿悟总的来说是有着特殊意义的本质的，荣格正是从一些哲学著作的阅读中渐渐懂得了这一点，而心灵的存在是造成这种顿悟的原因——没有心灵，便不会有知识，更不会有顿悟。然而，在所有的知识中却不见只字提及心灵，但它却处处被认为是理所当然的，因为每个人都自认为了解心灵。在第二学期期末的时候，荣格又有了新的发现，这一发现还产生了一个重大的结果。当时，他在同学家的藏书室里无意中发现了一本出版时间为 19 世纪 70 年代的论述精神性现象的书籍，这本书讲述了唯灵论的起源，其作者是一个神学家。在阅读这本书的过程中，荣格内心的很多怀疑都消失了。因为他仿佛忽然明白了，书中所论述的大都是他童年时的遭遇或听到的那些故事，这就意味着那些故事的材料是可信的。但是，这些故事是否具有真实性，书中对这一重大问题的回答却令他不是很满意。尽管如此，但可以肯定的是，在各个不同的时代，这些相同的故事都在世界各地被一些人提及过。因为，它与人的心灵的客观行为是相通的。但就心灵的客观性问题来讲，除了哲学家所说的东西之外，荣格深信自己或其他人再也找不出任何东西了。

而唯灵论者的观点在荣格看来是古怪的也是值得怀疑的，然则就客观心灵现象而言，它们却是荣格见到的第一批材料记录，尤其是像克鲁克斯和左尔纳等人的名字给荣格留下了极为深刻的印象，于是荣格读完了那时他所能拿到手的关于这方面的全部书籍。荣格曾将书中的故事给他的同学们讲过，比如像鬼魂转动桌子这类的事情，但令他感到吃惊的是，他们的反应不是嘲弄而是表示不相信，同时还奋力抗辩。事实上，就连荣格自己也不敢肯定这些故事的绝对真实性，但他又坚定地认为，何以说就不存在鬼魂呢？换句话说，人们怎么会知道某种自认为"不可能"的东西就一定不存在呢？更重要的是，这种急于否定的态度又表明了什么呢？对荣格而言，吸引他的并不是故事本身，而是这种种的可能性。比如，梦可能和鬼魂有些什么联系吧？康德在《一个看见鬼魂的人的梦》中也认为这两者之间有某种联系。而且，荣格还发现

荣格心理术

了卡尔·杜普雷尔的著作，他从哲学和心理学上对这些观点进行了解释和评价。之后，荣格又挖掘到了德国唯灵论者克尔纳、著名作家格雷斯以及瑞典科学家和神秘主义者斯威登保等人的著作。

在随后的一个学期里，荣格变成了解剖学方面的助理教员，主要负责给学员们讲授组织学课程。荣格对此感到很满意，因为他对进化理论和解剖学极有兴趣，还因此熟悉了新生机论。而使他最为着迷的是最广义的形态学方面的观点，这是一门与生理学截然相反的学科。由于生理学要进行反复的活体解剖，所以荣格对这门科目较为反感，而活体解剖的目的不过是为了进行示范而已。因此，只要他能够做得到，他就总是想方设法地不去听示范课。尽管是用动物去进行解剖实验，但他认为进行解剖始终是恐怖的、野蛮的，最主要的是没有那个必要。而荣格只需要根据描述就足以想象出整个解剖示范的全过程和情景。同时，这也源于荣格对动物的热爱，但他对动物的热爱并非完全来自叔本华哲学里那种佛教式的感召，而是基于一种比原始的意向还要深厚的思想，即潜意识中与动物相等同的思想。

随后的两个学期是相关的临床学习课程。在医学中，临床是一个至关重要的环节，因此这个时期荣格十分繁忙——他几乎没有多余的时间去涉猎与此无关的其他方面的知识了。只有趁星期天的时候，他才能挤出时间来研究康德等哲学家的著作，以及爱德华·冯·哈特曼的著作。那段时间，他还将尼采的著作列入了研读计划中，然而却迟迟没有开始——他觉得自己还未做好充分的准备。事实上，在那个时期，尼采总是受到人们广泛的评价，而且大都是贬多于褒，并且据说大多数评价者都是哲学方面的学者，荣格从这些评论中推测出尼采在哲学人士中引起了很大的敌意。而荣格之所以推迟阅读，是因为他担心自己读了尼采的作品后会导致和尼采一样的结局——被周围的人排斥。或许是因为那种阻挠太过强烈，造成了物极必反的效果。总之，荣格最后抛开一切顾虑和担忧，研读了尼采的所有作品。比如《不合时宜的思想》和《查拉图斯特拉如是说》，后者就像歌德的《浮士德》一样有意义，他甚至认定《查拉图斯特拉如是说》便是尼采的"浮士德"。在研读中荣格发现，之所以有那么多的学者贬低和排斥尼采，只是因为尼采获得了他们难以想象而且无法获得的荣誉。

1898 年，就在荣格即将毕业时，他已经开始比较认真地考虑走向一个医生的生涯了。对于在外科和内科之间的选择，荣格更倾向于选择前者，原因是他受过解剖学方面的专业训练。尽管他不喜欢解剖这个环节，但他却很热衷于研究病理学。由于欠舅舅 3000 多法郎，荣格一直痛苦不堪，甚至自认为抬不起头来。因此，他希望并设想过先在某个县级医院当一名助理医师，谋得一个有固定薪金的职位。

然而，就在快要毕业的前 1 个月里却发生了一件注定要对荣格的一生产生深刻影响的事。一个星期日，荣格正坐在家里复习功课，母亲就坐在隔壁房间里织毛衣，房门敞开着。那间房是荣格家的餐厅，里面摆着一张胡桃木圆形餐桌——这张桌子是荣格祖母的嫁妆，到此时已经有 70 多年的历史了。当时，荣格的母亲就坐在离那张桌子大约有三英尺远的地方。突然，隔壁房间砰地响起了一声类似手枪射击的声音，荣格本能地蹦跳起来，快步冲了过去，结巴地问道："出，出什么事了？"这时，荣格的母亲惊恐地盯着那张桌子，荣格顺着母亲的视线看到桌子从边缘到中心裂开了一条缝，而且全部裂开了。荣格像遭受到了雷击似的惊呆了：这样的事情怎么会发生呢？一张风干了 70

多年的结实的胡桃木桌子怎么会在湿度相对较高的房间里且没有任何外力作用的情况下突然间裂开了呢？如果是在寒冷干燥的冬天，它被摆在一个火炉旁边，那么这种情形倒还可以想象。那么，到底是什么原因造成桌子突然炸裂了呢？荣格想，这件古怪的事情中一定存在着什么。而此时，母亲也意味深长地说："这肯定意味着什么。"

又过了两个多星期，一天，荣格晚上回到家却发现母亲及他那14岁的小妹妹全都处于一种十分惊恐的状态。原来，大约在一个小时之前，又发生了一次震耳欲聋的炸裂声响。这一次不再是那张已经裂开的桌子，而是餐具柜——餐具柜是一件比桌子还要沉重许多的家具。然而，母亲激动地告诉荣格，她在餐具柜上怎么也找不到裂痕。于是，荣格立刻动手仔细检查了一遍餐具柜，的确没找到裂痕。之后，荣格开始检查柜子的内部，依旧没有发现裂痕。但在存放着面包篮的四方形的碗柜里，他发现了一把切面包的刀子，只是刀子已经残缺了，而且大部分的刀刃都分崩成了几块碎片，分别躺在碗柜的4个角落里。第二天，荣格把这把坏了的刀子拿到镇上一个最有名的刀匠师傅那里去修理。刀匠师傅看了一眼，然后用放大镜仔细看了看，便摇着头说："年轻人，这把刀子什么毛病也没有。"荣格接过刀子一看，他惊奇地发现，刀子完好无损，完全不像此前他在家里见到的那个样子。

荣格百思不得其解，他不能接受自己所看到的"事实"被别人否定，甚至被自己否定。为了弄明白这件事情，荣格查阅了很多材料，几乎是茶饭不思，他似乎忘了自己只是一个食人间烟火的凡人。工夫总算没有白费，他最终在一些心理学的读物上查到了一些类似的事情和观点。这些奇妙而又不脱离现实的观点，似乎将他较早期的一些疑问都解开了，还使最早期那些朦胧的事物逐一变得清晰，而那些当初认为很遥远的东西也似乎正在一步一步地向他靠近，显得那般真实而又亲近，仿佛他一伸手便可以触摸得到。此外，在这些观点中，对于人的心灵他似乎也发现了一些客观的事实。这种奇妙的体验使他的心灵获得了一种极大程度上的满足，他甚至有种想要将自己一生的时间和精力都完全融入到其中去求索，探知，再求索。但是，想象终归是想象，大学毕业后，荣格必须要根据自己所学选择一所医院，从此与无数病人打交道。

毕业之后，荣格进入了一家医院实习。在那所医院里，一个名叫费列德里希·冯·穆勒的内科医学教授很欣赏荣格。穆勒在医学界是一个很有才华也很有名气的人，荣格似乎从他那双深邃的眼睛中看到了他是如何把握住问题并提出疑问的，而在这些疑问当中，这些问题似乎已经解决了一半。而穆勒似乎也从荣格的身上发现了这一点，因此在实习结束后，穆勒提议荣格做他的助手，并跟他一块儿到穆尼黑去，因为他已经在那里接受了高薪的任职邀请。要不是在荣格说要考虑一下的那短短几天中发生的一件事，穆勒对荣格的这一诚恳邀请以及那诱人的酬劳差点儿就让荣格献身于医学内科了。

那天，荣格无意间打开一本克拉夫特·埃宾编著的关于精神病学方面的教科书。看到序言时，荣格甚至在想："好啊，我倒要看看一个精神病学家究竟有什么偌大的理论，非要编成一本厚厚的书来对大家说。"事实上，荣格此前曾听过一些关于精神病学和临床的讲座，但他却对精神病学不怎么有好感。一方面，那位讲授精神病学的教员讲得不是那么让人感兴趣和启发思路；另一方面，他又回忆起了一些被送入精神病院的同学。这就使得他无法对精神病学产生好感了。

出于对精神病学好奇的心理，荣格开始翻阅序言，一心想要看看一个精神病学家会如何概述这一科目，或者他到底是如何证实其存在的。事实上，他内心也很清楚，在当时的医疗界，精神病学可以说是一个被人十分瞧不起的科目，也少有人对此有真正全面的了解，更少有人把它当作一个完整的个体来加以考虑和研究，而克拉夫特·埃宾就是其中的一个。阅读序言，首先映入荣格眼帘的是："大概是由于这个科目的特殊性及其发展得不完全的缘故，精神病学方面的书籍便或多或少地被打上了一种主观性的印记，但实际上它却带有可以说是足够多的客观事实。"看了几行之后，荣格发现埃宾把精神病患者称为"人格患者"，将精神病称为"人格病"，即人格分裂产生的病症。看到这里，荣格的心在一刹那怦怦地跳了起来，而且心跳越来越快。为此，他不得不站起来深深地吸了一口气，然后重新坐下仔细阅读。他不得不承认，此前在那些精神病学的讲座上，他的确没有听到过这句话，甚至连类似的话也没听过。

此时的荣格不再像此前那般不屑了。相反，他变得非常激动，因为在那一闪而过的字眼的启示里，他仿佛看到了自己所有的兴趣、热情以及为之奉献一生的情结。在那一刻，他感觉自己的头脑从来没有那么清醒过，对他来说，这已经显得无比清晰——精神病学才是他此生唯一可能也是最佳的选择。他觉得，这才是自己真正想要的，也是自己一直在苦苦追寻却始终未果的答案。他感到，只有在这里，自己的兴趣和理想这两股激流才能汇聚到一起，形成一条水流，汇成一道河床。那一闪而过的启示在荣格的心中给精神病学投射下了一道可以使人脱胎换骨的光芒，使他身不由己地被深深地吸引住了。于是，他做了一个改变自己的人生方向的决定，在做出这个决定时，他觉得自己是最清醒也是最理智的。当他告诉穆勒教授自己无法当他的助手时，他在教授脸上看到了惊讶和异常失望的表情。没有人，甚至连荣格自己也没有想到他竟然会对这一冷门科目产生兴趣，他的同学、朋友甚至他的母亲都感到惊诧，并认为他是一个十足的傻瓜，竟然会放弃谋取医学内科这一明智且令人羡慕的职业，而选择了"胡说八道"的精神病学。

荣格也很明白，他选择的或许是一条谁也不会跟着走的死胡同，但是他懂得——没有什么人或什么事能够阻挠他偏离这个事业轨道。他深信，这个选择是理性的，更重要的是，它似乎是命里早就注定的。尽管它此前一直没有以一种深刻的形式在自己的心中存在，尽管它只是电光火石般地给了自己启示，但它却在他的心目中将自己一直以来的"两重人格"完整地融合在了一起，就像将两条河流汇成了一股急流，那波浪就像带有某种魔力一般，毫不留情地冲撞着他的每根神经，载着他漂向远方的目的地。而且，他仿佛已经预感到自己会经过无数个危险的暗礁，但是他有绝对的信心并把握自己不会因此而翻船，因为他要将这个选择进行到底。

1900 年 12 月 10 日，荣格在苏黎世的伯戈尔茨利精神病医院谋得了一个助理医师的职位。其实，他的同学和朋友无法理解也根本不知道他离开巴塞尔到别的地方工作的原因，他们猜想他一定是对巴塞尔感到无比沉闷和乏味了，他比任何人都想要呼吸到新鲜的空气，所以他离开了。荣格承认，自己的确想要换一个新的环境，但他的同学和朋友们却不知道他离开的真正原因。而事实是，无论什么时候，他在巴塞尔都会被人们认出来是保尔·荣格牧师的儿子，以及卡尔·古斯塔夫·荣格教授的孙子。对此，他感到非常反感。他自认为是一个特殊的知识分子，并不愿意别人将其归入任何一类人之中。同时，巴塞尔的知识氛围虽然有着令人羡慕的世界性，但也有着让他简直无法习惯

和忍受的传统习性。苏黎世的氛围虽然不如巴塞尔，但这里外却极其崇尚自由，而这一点也是他一贯看重的。

荣格离开巴塞尔这件事对母亲来说实在有些难受，但是他知道自己无法帮助母亲减轻和解除这种痛苦。他相信，时间会让母亲勇敢地承受一切。在离开巴塞尔前，他仔细地看了看他那个清秀而病恹的妹妹。在荣格的眼里，妹妹是陌生的，因为他们几乎从不交流，就像陌生人一样。但他却很佩服妹妹处世淡定和坚强的态度，由于她向来体弱多病，她似乎决定了要一辈子当个老姑娘。事实上，她这一辈子也从未嫁人，因为在荣格去苏黎世后不久，他的这个妹妹便不幸地死在了手术台上。对此，他的心情首先是尊敬的，其次才是怜惜的。

附录 2 荣格与弗洛伊德之间的恩怨与决裂

　　荣格成为心理治疗医师后广泛研读了布鲁厄、皮埃尔·雅内以及弗洛伊德等人的相关著作，并在这些著作中受到了极大的启迪。最重要的是，荣格发现弗洛伊德在《梦的解析》中对梦境进行的分析与阐释的技巧与精神分裂症的各种表现形式有着密切的联系，这使得荣格大开眼界。事实上，早在 6 年前，即 1900 年，他便阅读了弗洛伊德的《梦的解析》一书，但他读过之后便将其放到了一边，并没有像读其他书一样进行第二次研读，因为他感觉自己实在无法把握它。

　　当时荣格 25 岁，刚到伯戈尔茨利精神病院工作，他觉得自己缺乏足以欣赏和理解弗洛伊德的理论的经历，甚至到 28 岁时，他仍然觉得自己缺乏这种经历。直到那时，即 1906，他才因为自己有了这些年的经验积累，从而再次阅读了《梦的解析》，并研究起来。而这一次他有了一个前未所有的发现，那就是弗洛伊德的观点与自己的许多想法殊途同归。比如，弗洛伊德把受压

抑性机制的概念应用到了梦的方面，而这一概念则是从精神病人的心理导源出来的，而对于这一点荣格也深有同感（并且觉得这一点相当重要）。事实上，在近几年中荣格一直专注于"心理联想实验"诊断治疗的分析和研究工作，而他在对病人进行的联想实验中也经常会遇到这种压抑性机制问题。它主要表现在大多数病人对某些激发性联想实验时所做出的反应，要么是不做出联想性回答，要么是反应过慢。后来他才发现，这种障碍的发生频率之所以如此之高，就在于所使用的激发性语言触及了病人心理上的创伤或者矛盾冲突。

更为糟糕的是，在大多数情况下，病人并未意识到这一点。在被问及产生这种障碍的原因时，他们往往以十分无辜的方式来进行回答。弗洛伊德在《梦的解析》中表明，产生这种障碍的根本原因是由于压抑性机制在起作用，而这一观点与荣格在那些病人的身上所观察到的"压抑机制"的事实不谋而合，并做出了最好的诠释和说明。或者说，弗洛伊德的研究发现恰好符合荣格所做的一系列实验研究工作。他异常激动，并用从未有过的热情和谦虚心态欣赏弗洛伊德的作品和研究成果，他意识到并深深地坚信，在千里之外的维也纳，一位出类拔萃的人物正在对自己一直探究的问题进行深入的探索。他甚至相信，在今后的岁月中，他们几乎会得出相同的结论。

可以说，第二次阅读《梦的解析》成了荣格一生事业转折的分界线。1906年3月中旬，荣格决定拜弗洛伊德为师，这在当时，特别是知识界的人看来是一件极不光彩的事，因为他们觉得拜师就意味着自己的学识不如别人。尽管如此，同年4月初，荣格依旧果断地向弗洛伊德抛出了橄榄枝。他给弗洛伊德写了一封长信，并同时寄去了自己的论文《心理联想诊断研究》。当然，对于这样一位谦虚求学的人，弗洛伊德愉快地接受了荣格抛出的橄榄枝，并很快给他写了回信。在信中，弗洛伊德表示了自己诚挚的谢意，同时为自己的理论被荣格的实验所证实这一点感到相当惊喜与欣慰。在经过多次的书信来往后，两人在 1907 年初相约见面。

初次见面，两人都相当激动，并对彼此留下了美好而又深刻的印象。在经过初次见面和随后的书信交往后，两人的友谊迅速升温。在他们的书信来往中，彼此经常交流临床的观点，交换对同行的一些看法和意见，同时相互关心和问候，两人之间的关系越来越紧密。1907 年 7 月 1 日，荣格在写给弗洛伊德的信中这样说道："精神和心理学的生命与我们同在，在苏黎世也在维也纳。"在这段时期内，两人频繁地交换在精神分析这一领域里各自的观点以及实验结果。他们彼此都很尊重对方，作为师长的弗洛伊德在荣格眼里是那么平易近人和卓尔不群。加之弗洛伊德在年龄上比荣格长了 19 岁，因此荣格又将弗洛伊德当作父亲的化身，而弗洛伊德也将荣格当成儿子一样对待。同样，对弗洛伊德而言，在他所有的学生以及追随者中，他最满意也最器重的便是荣格。

1908 年 4 月 26 日，具有历史意义的第一次国际精神分析大会在奥地利的萨尔茨堡举行。会议由弗洛伊德主持召开，而荣格则从旁协助。在会议上，弗洛伊德和荣格都主张创办一个心理分析学的会刊《精神分析与精神病理研究年鉴》，而深受弗洛伊德厚爱的荣格被任命为主编。会后，荣格激动地说："任何语言都不足以表达自己内心对恩师的提携之情，我一定不孚所望，我们的会刊一定会大获成功。"1909 年初，两人应邀去美国讲学，并在船上度过了为期 7 天的旅途生涯。在这次美国讲学之行中，他们受到了美国人民的热烈欢迎和尊敬，这次美国之行的成功为精神分析理论赢得了广泛的承认。此时的弗洛伊德正处于事业的巅峰阶段，荣格为他感到不胜欣喜。

然而，1909 年 3 月 25 日发生了一件令他们二人都感到不妙的事情。那天，荣格和妻子爱玛专程到维也纳探望弗洛伊德，见面之后，荣格和弗洛伊德热烈地拥抱，并在书房中津津有味地谈论着日常生活中一些神秘、奇妙的现象和变化。突然，书房中发出了一声巨响，两人都惊骇异常，几乎同时跳了起来。等两人从惊惶中镇定下来之后，荣格对弗洛伊德说："您瞧，这就是催化性客观现象。"而弗洛伊德却摆出一副不以为然的样子，并用略带嘲笑的口吻说："得啦，无稽之谈。"荣格答道："您错了，为了证明我的看法，我敢预言，一会儿还会有另一声砰的声响呢！"果不其然，荣格话音未落，书房里便又发出了一声同样响亮的声响。恪守严谨的科学推理和原则的弗洛伊德用满怀质疑的目光盯着荣格，他实在不敢相信，被他一直视为最得意的学生，也是他暗中拟定将来继承他的事业的荣格，竟然会用毫无依据的超灵术语来解释这一现象，这令他深感震惊和失望。这件事情隐隐地暗示了两人在精神分析学方面存在的不同观点，或者说理解上的差异和对立。

事实上，荣格早在 1908 年时就发现自己和弗洛伊德之间有许多相对立的看法和观点，而荣格一直无法认同弗洛伊德对于"梦是一个表面"的看法，即梦是不真实的，是片面的，甚至是具有欺骗性的。在荣格看来，梦是天性的一部分，它根本不怀有任何欺骗人们的意图，而是尽它最大的能力来表达某种东西。如果要说欺骗，那也是人们的眼睛欺骗了自己，或许是人们看到了不真实的一面，或许是人们听错了，又或许是人们自欺欺人。总之，荣格认为，梦是人们的潜意识及潜意识的直接阐述者，它是一个自然而然的过程，任何人都不能用武断的说法去认识和理解它。总之，两人交往不久之后便产生了一些思想上的分歧。然而，这些最初的分歧被彼此交往的热情和曾经过多相同的观点掩盖了，但随着交往的深入、交流的增多，一些不和谐之音便不可避免地显露了出来。在这些不和谐的声音中，弗洛伊德对荣格而言正在逐渐失去权威性。而紧接着发生的那件事让弗洛伊德对荣格非常反感，同时也是造成他们真正决裂的根本原因。

1909 年 4 月 20 日，在两人的闲谈中，荣格饶有兴趣地对弗洛伊德谈到在德国某些地区经常挖掘出"泥煤沼尸体"——这些尸体是历史人类的尸体，由于其所浸泡的泥煤水含有腐殖酸，而这种酸腐蚀尸体中的骨质，同时把尸体的肤色染成棕色，因此皮肤得以完好地保存。荣格丝毫没有发现弗洛伊德无比反感的表情，而弗洛伊德曾几次试图打断荣格，却没有成功。最后，弗洛伊德竟然当场晕倒了，这就是历史上有名的弗洛伊德第一次晕倒。弗洛伊德醒来后说的第一句话就是，他认为荣格谈论有关尸体的话题是在盼望他尽快死去，这种无法理解和无法摆脱的想法使弗洛伊德恼怒继而晕倒。当然，弗洛伊德的这种想法也激怒了荣格，他试图为自己辩解，但弗洛伊德却说了一句："我认定的事情是谁也改变不了的。"此时，荣格才清楚地认识到，弗洛伊德在精神领域的分析虽然是那么权威，但他却是如此固执，而且他内心是如此多疑。

就这样，两人之间原本深厚的感情渐渐出现了裂痕。这时，弗洛伊德正致力于如何将精神分析理论扩展到更为广泛的领域中去。而就在讨论如何扩展时，两人的意见又产生了分歧，并进行了几次激烈的争吵，两人的关系已经陷入一种微妙的状态。而荣格始终坚持自己的观点，并试图证明给弗洛伊德看。从内心对一切事实公正的观点出发，他再也不担心会因此而失去与弗洛伊德之间的友谊。同时，他也不想再笼罩在弗洛伊德的影子之下。

到了 1913 年，荣格与弗洛伊德的关系越来越微妙，并最终在这一年分道扬镳。而在后来的很长一段时间内，荣格都有一种无所适从甚至失去方向的感觉，这就是荣格内心情感柔软的一面。但他内心理智的一面很快将他从那种沉溺中强拉了出来，渐渐地，他将心中的思绪有效地结合，创作了后来著名的分析心理学大纲。在这个大纲中，荣格将心理学分为意识和潜意识两个部分，如果意识形态过于偏执甚至对立时，潜意识便会自动显现，以保持平衡。而潜意识可以透过内在的梦和意象来调整平衡，也有可能成为心理疾病，这种心理疾病将会以投射的方式显现在人们的生活中。

历经 3 年的潜心分析和研究，1916 年荣格创立了"分析心理学派"，并隐居于苏黎世湖旁，继续为人们不时面临的精神矛盾和冲突寻找更为准确的答案。在这个被山水环绕的大自然的环境中，他一直默默地思考着，陪伴他的则是他在 1925 年前往东非途中所遇到的英国女人露丝·贝利。当然，他时常会想起与自己有着恩恩怨怨的弗洛伊德及其一些理论观点。虽然他们在思想上有着重大的分歧，但曾经也有着天衣无缝的配合。况且，他曾经将弗洛伊德看作是生命中必不可少的人，而他们的友谊也曾经植入他的心脏，直到分道扬镳以后也依然如此。就像他始终认为的那样：情感和理智永远都是要分开而论的。

附录 3 荣格年表

1. 童年和学生时代（1875–1900 年）

1875 年 7 月 26 日，出生于瑞士东北部康斯坦斯湖畔的克里维尔。

1879 年 全家迁往靠近巴塞尔的克莱恩·许宁根。

1881 年 在巴塞尔上学。

1884 年 妹妹去世。

1896 年 父亲去世。

1898 年 开始研究神秘现象。

1900 年 决定当一名精神病医生。

2. 医生和学者生涯：第一阶段（1900–1917 年）

1900 年 被任命为苏黎士伯戈尔茨利精神病医院的助理医师，在著名精
神病医生尤金·布洛伊手下工作。

1902 年 赴巴黎学习，在皮埃尔·让内指导下研究理论精神病学。
返回伯戈尔茨利后开始语词联想的实验与研究。
开始发表最初的论著。

1903 年 与爱玛·罗森巴赫结婚。

1905 年 任苏黎士大学精神病学讲师和伯戈尔茨利医院高级医师。

1906 年 赴维也纳，第一次和弗洛伊德会晤。

3. 医生和学者生涯：第二阶段（1908–1912 年）

1908 年 赴维也纳参加第一届国际精神分析学大会。

1909 年 开始研究神话。

　　　　辞去医院的职务，开始私人行医。

　　　　和弗洛伊德一起赴美讲学，接受克拉克大学荣誉学衔。

1910 年 赴纽伦堡出席第二届国际精神分析大会，担任国际精神分析学会

　　　　主席。

1912 年 受梦的召唤，开始转向内心的觉醒。

4. 医生和学者的生涯：大师阶段（1913–1946 年）

1913 年 正式与弗洛伊德精神分析学派决裂。

　　　　辞去苏黎士大学教席。

　　　　对无意识的种种意象进行研究。

1914 年 辞去国际精神分析学大会主席一职。

1915 年 致力于梦和神话的研究。

1918 年 认识到自性是是心理发展的目标。

1920 年 赴突尼斯和阿尔及利亚进行旅行考察。

1922 年 购置波林根地产。

1923 年 母亲去世。

1924 年 访问美国新墨西哥州普韦布洛印第安人。

1925 年　访问伦敦。

　　　　　在苏黎士开办第一届研讨班，学员来自世界各地，此次研讨完全
　　　　　用英语进行。

　　　　　赴非洲旅行探险。

1926 年　从非洲返回瑞士。

1927 年　开始研究曼荼罗。

1928 年　同理查·威廉合作，翻译介绍中国古代典籍。

　　　　　研究炼金术与曼荼罗象征。

1932 年　荣获苏黎士诚文学奖。

1933 年　参加第一次埃拉诺斯聚会。

1934 年　创办日内瓦国际心理治疗医学会，出任第一届主席。

　　　　　参加第二次埃拉诺斯聚会。

1935 年　参加第三次埃拉诺斯聚会。

1936 年　获美国哈佛大学荣誉博士头衔。

　　　　　参加第四次埃拉诺斯聚会。

1937 年　参加第五次埃拉诺斯聚会。

　　　　　在美国举办研讨与讲座。

1938 年　获英国牛津大学荣誉博士头衔，成为英国皇家医学会成员。

　　　　　应邀赴印度旅行，出席加尔各答大学 25 周年校庆。

　　　　　参加第六次埃拉诺斯聚会。

1939 年　参加第七次埃拉诺斯聚会。

1940 年　参加第八次埃拉诺斯聚会。

1941 年 参加第九次埃拉诺斯聚会。

1943 年 成为瑞士科学院荣誉院士。

参加第十一次埃拉诺斯聚会。

1944 年 摔断腿，心脏病发作，在病中产生一系列新幻觉。

因腿被摔断而未能参加第十二次埃拉诺斯聚会。

1945 年 获日内瓦大学荣誉博士头衔（此衔专门为庆祝荣格诞辰 70 周年而专门颁发）。

参加第十三次埃拉诺斯聚会。

1946 年 参加第十四次埃拉诺斯聚会。

5. 退休及晚年（1947–1961 年）

1947 年 退隐于波林根塔楼。

缺席第十五次埃拉诺斯聚会。

1948 年 参加第十六次埃拉诺斯聚会。

1949 年 缺席第十七次埃拉诺斯聚会。

1950 年 修改和重写早期论文。

缺席第十八次埃拉诺斯聚会。

1951 年 参加第十九次埃拉诺斯聚会。

1953 年 修改和重写早期论文。

1955 年 妻子爱玛·罗森巴赫·荣格去世。

1958 年 和秘书安尼拉·雅菲合作，撰写自传《忆·梦·思》。

1961 年 6 月 6 日，病逝于苏黎士库斯那赫特家中。

附录 4 **参考文献**

[1] 荣格，等.潜意识与心灵成长.张月，译.上海：上海三联书店，2009.

[2] 卡尔·古斯塔夫·荣格.原型与集体无意识.徐德林，译.北京：国际文化出版公司，2011.

[3] 卡尔·古斯塔夫·荣格.荣格文集.谢晓健，等，译.北京：国际文化出版公司，2011.

[4] 荣格.心理类型.吴康，译.上海：上海三联书店，2009.

[5] 荣格.荣格说潜意识与生存.高适，编译.武汉：华中科技大学出版社，2012.

[6] 荣格.红书.北京：中央编译出版社，2012.

[7] 荣格.汉译经典 044 —精神分析与灵魂治疗.冯川，译.南京：译林出版社，2012.

[8] 荣格.汉译经典 025 —分析心理学的理论与实践.成穷，王作虹，译.南京：译林出版社，2011.

[9] 荣格.汉译经典 031 —心理学与文学.冯川，苏克，译.南京: 译林出版社，2011.

[10] 卡尔·古斯塔夫·荣格.象征生活.储昭华，王世鹏，译.北京：国际文化出版公司，2011.

[11]卡尔·古斯塔夫·荣格.人格的发展.陈俊松，等，译.北京：国际文化出版公司，2011.

[12]卡尔·古斯塔夫·荣格.文明的变迁.北京：国际文化出版公司，2011.

[13]卡尔·古斯塔夫·荣格.心理类型：—个体心理学.储昭华，沈学君，王世鹏，译.北京：国际文化出版公司，2011.

[14]荣格，等.荣格作品集.张月，译.上海：上海三联书店，2009.

[15]卡尔·古斯塔夫·荣格.人、艺术与文学中的精神.北京：国际文化出版公司，2011.

[16]卡尔·古斯塔夫·荣格.心理结构与心理动力学.关群德，译.北京：国际文化出版公司，2011.

[17]荣格.哲人咖啡厅—荣格性格哲学.李德荣，编译.北京：九洲图书出版社，2003.

[18]荣格.未发现的自我.张敦福，等，译.北京：国际文化出版社，2007.

[19]卡尔·古斯塔夫·荣格.荣格自传：梦·记忆·思想.陈国鹏，黄丽丽，译.北京：国际文化出版公司，2011.

[20]荣格.荣格自传——回忆 梦 思考.刘国彬，译.上海：上海三联书店，2009.

[21]荣格.荣格谈人生信仰.石磊，编译.天津：天津社会科学院出版社，2011.

[22]施春华，丁飞.心理学大师传记丛书·荣格：分析心理学开创者.广州：

广东教育出版社，2012.

[23] 荣格．分析心理学与梦的诠释．上海：上海三联书店，2009.

[24] 荣格．荣格谈心灵之路．梁凤雁，编译．北京：工人出版社，2009.

[25] 申荷永．荣格与分析心理学．北京：中国人民大学出版社，2012.

[26] 科茨．荣格心理分析师：比较与历史的视野．古丽丹，等，译．广州：广东教育出版社，2007.

[27] 黄秀丽．梦境人生：荣格传．北京：中国友谊出版公司，2012.

[28]（韩）吴莱焕．荣格：心灵与人格的故事．吴荣华，译．合肥：黄山书社，2011.

[29] 荣格．荣格的性格哲学．刘烨，编译．呼和浩特：内蒙古文化出版社，2008.

[30] 冯川．荣格的精神：一个英雄与圣人的神话．海口：海南出版社，2006.